广东始兴南山
野生植物

肖家亮　钟慧聪　吴林芳　覃俏梅 ◎ 主编

中国林業出版社
CFPH China Forestry Publishing House

图书在版编目（CIP）数据

广东始兴南山野生植物 / 肖家亮等主编. -- 北京 ：中国林业出版社，2023.12
ISBN 978-7-5219-2393-3

Ⅰ. ①广… Ⅱ. ①肖… Ⅲ. ①自然保护区—野生植物—广东 Ⅳ. ①Q948.526.5

中国国家版本馆CIP数据核字(2023)第196071号

责任编辑　于界芬　张健

出版发行　中国林业出版社（100009，北京市西城区刘海胡同7号，电话 010-83143542）
电子邮箱　cfphzbs@163.com
网　　址　www.forestry.gov.cn/lycb.html
印　　刷　北京博海升彩色印刷有限公司
版　　次　2023年12月第1版
印　　次　2023年12月第1次印刷
开　　本　889mm×1194mm　1/16
印　　张　23.5
字　　数　650千字
定　　价　258.00元

广东始兴南山野生植物

编 委 会

顾　　问　邱焕运　张卫明　叶华谷

主　　编　肖家亮　钟慧聪　吴林芳　覃俏梅

副 主 编　李荣生　吴健梅　黄萧洒

编写人员　（以姓氏笔画为序）

丁向运　邓焕然　石钰霞　叶华谷　朱韦光
李春红　李荣生　肖家亮　吴林芳　吴健梅
吴富强　邱焕运　张卫明　张　晨　张　蒙
陈接磷　欧文杰　钟慧聪　郭腾辉　黄　毅
黄萧洒　梅启明　曹洪麟　覃俏梅　戴红文
魏　莱

编著单位　广东始兴南山省级自然保护区管理处
广州林芳生态科技有限公司
广东生态工程职业学院

前 言

广东始兴南山省级自然保护区于 2005 年经广东省人民政府批准建立，主要保护对象为中亚热带常绿阔叶林森林生态系统和以江南油杉、中华鬣羚等为代表的珍稀濒危野生动植物及其栖息地和水源涵养林。保护区位于粤赣交界处始兴县西部，地理坐标为北纬 24°49′37″~24°56′25″，东经 113°53′58″~114°01′29″，总面积为 7113hm^2。南山保护区是典型的亚热带季风气候，具有光照充足、温暖湿润、雨量充沛等特点。优渥的自然条件，使保护区形成了丰富的生物多样性资源。

2004 年，中山大学和广州大学等专家组成的科学考察队在始兴南山保护区开展了第一次科学考察工作，该次科学考察共记录了维管束植物 1039 种，隶属于 179 科 565 属；2020 年，广州林芳生态科技有限公司在始兴南山保护区设立了 3 个 1hm^2 的森林生态系统固定监测样地；2021—2022 年，广州林芳生态科技有限公司开展了第二次科学考察工作，采集标本 510 号，拍摄野生植物照片 12000 余张，野外调查足迹遍及整个始兴南山保护区。基于上述野外调查工作，结合查阅中国数字植物标本馆（CVH）的标本，以及始兴南山保护区历史资料和馆藏标本，共记录到始兴南山保护区维管束植物 176 科 696 属 1554 种，其中野生维管束植物 168 科 648 属 1454 种。野生维管束植物中，有石松类及蕨类植物 23 科 61 属 134 种，裸子植物 3 科 4 属 4 种，被子植物 142 科 583 属 1316 种。包括国家二级保护野生植物江南油杉 *Keteleeria fortunei* var. *cyclolepis* 等 17 种。

南山保护区植被类型多样，群落结构复杂，地带性植被为亚热带常绿阔叶林，分布在保护区海拔 350~750m 的地区，植被外貌终年常绿，以壳斗科、樟科、山茶科、茜草科、杜英科等为主，有罗浮锥林、甜储 + 江南油杉林、吊皮锥林、鹿角锥林等。

本书收录始兴南山保护区及周边山地的野生维管植物 1356 种，隶属于 166 科 620 属。本书采用基于现代系统进化生物学最前沿的成果所建立的植物分类系统：石松类及蕨类植物按照 PPG I 系统（2011），裸子植物按照克氏系统（2016），被子植物按照 APG IV 系统（2016）。物种学名按照《Flora of China》进行更新。在科下设分属检索表，属下设有分种检索表。

本书文字简明扼要，图片清晰，鉴定准确，是一部集科学、科普于一体的工具书。本书把始兴南山保护区的野生植物以图文并茂的方式展现给读者，希望它的出版能为广大植物爱好者提供参考。

本书在编写和出版过程中，得到了广东省林业局、始兴县人民政府、广东始兴南山省级自然保护区管理处、中国科学院华南植物园和广州林芳生态科技有限公司等单位的支持和帮助。在此，编者向做出贡献的单位和个人表示衷心的感谢。限于编者水平有限，编写时间仓促，本书难免有错漏和不足之处，恳请广大读者批评指正。

编者

2023 年 12 月

目 录

石松类及蕨类植物

（一）石松科 Lycopodiaceae

藤石松（木贼叶石松） 藤石松属

Lycopodiastrum casuarinoides (Spring) Holub ex R. D. Dixit

大型地生藤本。主茎圆柱形，向上多回二歧分枝，分不育部分和可育部分，孢子囊穗生于多回二叉分枝的孢子枝顶端。生于林下、林缘、灌丛。

垂穗石松（灯笼石松） 石松属

Lycopodium cernuum L.

地生草本，高 30~50cm。一至多回二叉分枝，不育枝上的叶线状钻形，能育叶阔卵形。孢子囊穗单生于小枝顶端，熟时下垂，淡黄。生于阳光充足的潮湿丘陵。

福氏马尾杉（福氏石杉） 马尾杉属

Phlegmariurus fordii (Baker) Ching

附生草本，高达 40cm。茎单一或二叉分枝。叶螺旋状排列，不育叶披针形，能育叶线状披针形，孢子囊圆肾形，黄色，单生于叶腋。生于树干上或石壁上。

（二）卷柏科 Selaginellaceae

薄叶卷柏（独立金鸡） 卷柏属

Selaginella delicatula Alston

土生草本。主茎斜升。茎生叶两侧不对称；能育叶一型，在枝顶聚生成穗。大孢子白色或褐色；小孢子橘红色或淡黄色。生于林下，土生或生于阴处岩石上。

深绿卷柏（多德卷柏） 卷柏属

Selaginella doederleinii Hieron.

多年生草本，高约40cm。多回分枝，常在分枝处生不定根。叶二型，能育叶卵状三角形。孢子囊常双生于枝顶，四棱柱形。生于林下。

兖州卷柏 卷柏属

Selaginella involvens (Sw.) Spring

石生草本。主茎细长，直立。茎生叶两侧对称，下部叶彼此覆盖；中叶无白边；能育叶一型，相间排列。大孢子白色或褐色，小孢子橘黄色。生于林下石上或湿地。

异穗卷柏 卷柏属

Selaginella heterostachys Baker

土生或石生草本。能育叶二型，侧叶边缘具细锯齿，中叶基部楔形。孢子叶穗紧密，背腹压扁，单生于小枝末端。生于林下岩石上。

疏叶卷柏 卷柏属

Selaginella remotifolia Spring

土生草本。主茎匍匐。能育枝直立，无横走地下茎。不育叶上面光滑，中叶具锯齿。孢子叶穗紧密，四棱柱形，顶生或侧生。生于林下。

卷柏（还魂草）

卷柏属

Selaginella tamariscina (P. Beauv.) Spring

土生或石生草本，复苏植物，呈垫状。根多分叉，和茎及分枝密集形成树状主干。叶交互排列，二型，具白边。常见于海拔 500~1500m 石灰岩上。

剑叶卷柏

卷柏属

Selaginella xipholepis Baker

土生或石生草本，植株较小。茎连叶小于 5mm。能育叶二型；侧叶边缘纤毛状，下部叶边缘细锯齿。孢子叶穗紧密，背腹压扁。生于海拔 400~900m 的山坡或林下。

翠云草

卷柏属

Elaginella uncinata (Desv. ex Poir.) Spring

匍匐草本。节上生不定根。植株整体呈翠绿色，叶一般有蓝绿色荧光。叶交互排列，表面光滑，边缘明显具白边。孢子二型，大孢子灰白色或暗褐色；小孢子淡黄色。生于林下。

（三） 木贼科 Equisetaceae

节节草

木贼属

Equisetum ramosissimum Desf.

多年生草本，高 20~60cm。枝一型，节间长 2~6cm。孢子囊穗短棒状，顶端有小尖突。生于海拔 100~3300m。

笔管草　　木贼属

Equisetum ramosissimum Desf. subsp. *debile* (Roxb. ex Vaucher) Hauke

多年生草本。茎发达，有节，中空，具纵棱；主枝鞘筒短，长宽近相等。叶退化，于节上轮生；能育叶盾形，于枝顶集合成孢子囊穗。生于溪沟边。

（四）瓶尔小草科 Ophioglossaceae

瓶尔小草　　瓶尔小草属

Ophioglossum vulgatum L.

草本，高约2.5cm。具一簇肉质粗根。叶二型，不育叶为单叶，卵形，长4~6cm；能育叶长约15cm。孢子囊单穗状，远高于不育叶之上。生于山地较阴湿处。

（五）合囊蕨科 Marattiaceae

福建观音座莲（福建莲座蕨）　　观音座莲属

Angiopteris fokiensis Hieron.

大型草本，高1.5m以上。根状茎直立，块状。无倒行假脉，羽片5~7对，小羽片基部圆形。孢子囊群长圆形，成熟后棕色。生于沟谷林下。

（六）紫萁科 Osmundaceae

紫萁　　紫萁属

Osmunda japonica Thunb.

多年生草本，高50~80cm。叶簇生，叶柄禾秆色，幼时密被茸毛，后脱落。叶二型，不育叶为二回羽状；能育叶的羽片线形，沿中肋两侧背面密生孢子囊。生于林下或溪边。

华南紫萁

羽节紫萁属

Plenasium vachellii (Hook.) C. Presl

草本。叶簇生，一回羽状；羽片15~20对，二型，羽片宽大于10mm；能育叶生于羽轴下部，中肋两侧密生圆形孢子囊穗。生于草坡或溪边阴处。

（七） 膜蕨科 Hymenophyllaceae

广西长筒蕨

长片蕨属

Abrodictyum obscurum (Blume) Ebihara & K. Iwats var. *siamense* (Christ) K.Iwats.

陆生小型蕨类。叶密，长圆状卵形，长4~6cm，宽2~2.5cm，三回羽状分裂；羽片相距约10mm。通常每一羽片有2~3个孢子囊群。生于山谷中林下阴湿岩石上。

（八） 里白科 Gleicheniaceae

芒萁（芒箕）

芒萁属

Dicranopteris pedata (Houtt.) Nakaike

多年生草本。叶远生，柄禾秆色，裂片宽2~4mm；叶轴各回分叉处有一对托叶状的羽片。孢子囊群圆形，沿羽片下部中脉两侧各一列。生于荒坡及林缘。

粤里白（广东里白）

里白属

Diplopterygium cantonense (Ching) Nakai

大型草本，高约3m。根状茎横走。叶柄高达2m；羽轴和小羽轴无鳞片，成45~60°角；小羽片不裂至小羽轴。孢子囊群着生于基部上侧小脉上。广东特产。

中华里白

里白属

Diplopterygium chinense (Rosenst.) De Vol

多年生草本，株高约 3m。根状茎密被棕色鳞片。叶片巨大，二回羽状；羽片长约 1m，宽约 20cm。孢子囊群圆形，生叶背中脉和叶缘之间各一列。生于林下或山谷、溪边。

里白

里白属

Diplopterygium glaucum (Thunb. ex Houtt.) Nakai

多年生草本，高约 1.5m。根状茎横走，粗约 3mm，被鳞片。羽轴和小羽轴无鳞片，成直角。孢子囊群中生，一列，着生于每组上侧小脉上。生于林下。

（九） 海金沙科 Lygodiaceae

海金沙

海金沙属

Lygodium japonicum (Thunb.) Sw.

草质藤本，长达 1~4m。叶纸质，二回羽状，对生于叶轴短距上；不育叶末回羽片 3 裂。孢子囊穗排列稀疏，暗褐色，无毛。生于林缘或灌丛。

小叶海金沙

海金沙属

Lygodium microphyllum (Cav.) R. Br.

攀缘藤本，高达 5m。二回奇数羽状复叶；羽片对生，顶端密生红棕色毛；不育羽片长 7~8cm，柄长 1~1.2cm。孢子囊穗排列于叶缘，黄褐色。生于灌丛中。

（十） 金毛狗蕨科 Cibotiaceae

金毛狗（黄狗头） 金毛狗属

Cibotium barometz (L.) J. Sm.

大型草本。根状茎基部被有一大丛垫状的金黄色茸毛。叶片三回羽状分裂；叶脉隆起，在不育羽片为二叉。孢子囊群生叶边，囊群盖如蚌壳。生于山麓沟边及林下。

粗齿黑桫椤（粗齿桫椤） 黑桫椤属

Gymnosphaera denticulata (Baker) Copel.

灌木状草本。根状茎匍匐或短而直立，不形成树状树干。叶簇生；叶柄基部生鳞片，向上部光滑；叶片披针形。孢子囊群圆形，囊群盖缺。生于疏林下。

（十一） 桫椤科 Cyatheaceae

桫椤（刺桫椤） 桫椤属

Alsophila spinulosa (Wall. ex Hook.) R. M. Tryon

树蕨，高 3~ 8m。叶簇生于茎顶端，可长达 3m，三回羽状深裂；叶轴和羽轴有刺状突起。孢子囊群盖球形。生于山谷常绿阔叶林下。

（十二） 鳞始蕨科 Lindsaeaceae

团叶鳞始蕨（圆叶鳞始蕨） 鳞始蕨属

Lindsaea orbiculata (Lam.) Mett. ex Kuhn

草本，高达 30cm。根状茎短，密生褐色披针形鳞片。叶近生，一回羽状复叶，下部常为二回羽状复叶；叶片线状披针形。孢子囊群长线形。生于林下或路边。

乌蕨

乌蕨属

Odontosoria chinensis (L.) J. Sm.

草本，高达 65cm。根状茎短而横走。叶近生，三至四回羽状细裂；羽片 15~20 对；叶披针形，长 20~40cm。孢子囊群常顶生一小脉上。生于林下、路边或灌丛。

香鳞始蕨（鳞始蕨）

香鳞始蕨属

Osmolindsaea odorata (Roxb.) Lehtonen & Christenh.

陆生草本。根状茎匍匐，黑褐色，密被鳞片。叶远离；叶片呈狭线形，一回羽状。孢子囊群着生于羽片上缘的裂片先端，囊群盖长圆形。生于岩石旁沙地。

（十三） 凤尾蕨科 Pteridaceae

扇叶铁线蕨

铁线蕨属

Adiantum flabellulatum L.

土生草本，高 20~45cm。叶簇生，扇形，二至三回羽状。叶二型，能育叶半圆形；不育叶斜方形。孢子囊群以缺刻分开；囊群盖褐黑色。生于林下、林缘及灌丛中。

薄叶碎米蕨

碎米蕨属

Cheilanthes tenuifolia (Burm. f.) Sw.

土生草本，高 10~40cm。叶轴及羽轴有纵沟；叶柄基部密被鳞片；叶片三角卵形；小脉单一或分叉。孢子囊群生上半部叶脉顶端。生于溪旁、田边或林下石上。

峨眉凤了蕨（峨眉凤丫蕨）　凤了蕨属

Coniogramme emeiensis Ching & K. H. Sing

草本，高达 1m。叶柄长 50~90cm，栗棕色或禾秆色而饰有栗色，光滑；叶阔卵状长圆形，二回羽状。孢子囊群沿侧脉伸达离叶边不远处。生于路边林下。

剑叶书带蕨（宽叶书带蕨）　书带蕨属

Haplopteris amboinensis (Fée) X. C. Zhang

草本，附生蕨类。根茎横走，粗而长。叶近生；中肋上面不明显而仅有一条狭缝，下面粗宽而隆起，呈方形。孢子囊群线形靠近叶缘着生。生于阴湿的树干或岩石上。

凤了蕨（凤丫蕨）　凤了蕨属

Coniogramme japonica (Thunb.) Diels

草本，高达 80cm。叶柄长 30~50cm，禾秆色或栗褐色；叶二回羽状；主脉两侧有网眼。孢子囊群沿叶脉分布，几达叶边。生于湿润林下和山谷阴湿处。

野雉尾金粉蕨（野鸡尾）　金粉蕨属

Onychium japonicum (Thunb.) Kunze

土生草本，高 60cm。叶卵状三角形或卵状披针形；羽片 12~15 对，互生。孢子囊群长（3）5~6mm；囊群盖线形或短长圆形，膜质，灰白色，全缘。生于林下沟边。

刺齿半边旗

凤尾蕨属

Pteris dispar Kunze

土生草本，高 30~50cm。叶簇生，近二型，顶生羽片披针形，篦齿状深羽状几达叶轴，不育叶缘有长尖刺状的锯齿。生于林下，常见，树干或岩石上。

剑叶凤尾蕨

凤尾蕨属

Pteris ensiformis Burm. f.

土生草本，高 30~50cm。叶密生，奇数二回羽状；羽片 2~4 对，小羽片 1~4 对；叶柄、叶轴禾秆色。孢子囊群线形，沿叶缘连续延伸。生于林下，常见，树干或岩石上。

疏羽半边旗

凤尾蕨属

Pteris dissitifolia Baker

土生草本。根状茎斜升或直立，密被鳞片。叶簇生；叶柄长 40~80cm；叶片卵状长圆形。孢子囊群线形，沿叶缘连续延伸。生于林缘疏阴处。

傅氏凤尾蕨（金钗凤尾蕨）

凤尾蕨属

Pteris fauriei Hieron.

土生草本，高可达 100cm。叶簇生，一型，二回羽裂，卵状三角形，长 25~45cm；侧生羽片近对生，3~6 对，长 13~23cm。孢子囊群线形。生于疏林下。

林下凤尾蕨 凤尾蕨属

Pteris grevilleana Wall. ex J. Agardh

土生草本。叶簇生，二回羽状，叶一型，裂片不育边有齿，侧生羽片对称，羽片1~2对；叶脉分离。孢子囊群线形。生于林下岩石旁。

井栏边草 凤尾蕨属

Pteris multifida Poir.

土生草本。根状茎先端被黑褐色鳞片。叶密而簇生，一回羽状；羽片常分叉，基部下延呈翅状。囊群盖线形，灰棕色，膜质。生于石灰质生境。

全缘凤尾蕨 凤尾蕨属

Pteris insignis Mett. ex Kuhn

土生草本，高1.5m。叶片卵状长圆形，一回羽状；羽片6~14对，有软骨质的边。孢子囊群线形。生于林下或水沟边。

半边旗 凤尾蕨属

Pteris semipinnata L.

土生草本，高35~80cm。叶簇生，近一型，叶片长圆状披针形；侧生羽片4~7对；不育裂片有尖锯齿，能育裂片顶端有尖刺或具2~3尖齿。生于疏林中。

溪边凤尾蕨

风尾蕨属

Pteris terminalis Wall. ex J. Agardh

土生草本，高达 1.8m。叶簇生，阔三角形，二回深羽裂，长 60~120cm 或更长。孢子囊群线形；囊群盖棕色。生于溪边疏林下或灌丛中。

西南凤尾蕨

凤尾蕨属

Pteris wallichiana J. Agardh

大型草本。叶簇生，叶片五角状阔卵形，三回深羽裂，自叶柄顶端分为三大枝。孢子囊群线形。生于林下沟谷中。

蜈蚣凤尾蕨（蜈蚣草）

凤尾蕨属

Pteris vittata L.

土生草本。叶簇生，倒披针状长圆形，奇数一回羽状；侧生羽片 30~40 对；不育叶叶缘有细锯齿。孢子囊群线形；囊群盖同形。生于墙缝、路边等石灰质环境。

（十四）碗蕨科 Dennstaedtiaceae

栗蕨

栗蕨属

Histiopteris incisa (Thunb.) J. Sm.

土生草本，高约 2m。叶片三角形或长圆状三角长 50~100cm，二至三回羽状；叶柄长约 1m，栗红色。孢子囊群线形，孢子囊柄细长。生于林下。

姬蕨

姬蕨属

Hypolepis punctata (Thunb.) Mett.

土生草本。叶片长卵状三角形，三至四回羽状深裂。囊群盖由锯齿多少反卷而成，棕绿色或灰绿色。生于溪边阴处。

虎克鳞盖蕨

鳞盖蕨属

Microlepia hookeriana (Wall. ex Hook) C. Presl

草本，高达 80cm。叶片广披针形，先端长尾状，一回羽状；羽片披卦形，近镰刀状。孢子囊群近边缘着生。生于溪边林中或阴湿地。

华南鳞盖蕨

鳞盖蕨属

Microlepia hancei Prantl

草本。根状茎横走。叶片卵状长圆形。孢子囊群圆形，生小裂片基部上侧近缺刻处；囊群盖近肾形。生于林中或溪边湿地。

边缘鳞盖蕨

鳞盖蕨属

Microlepia marginata (Houtt.) C. Chr.

土生草本。叶片长卵状三角形，三至四回羽状深裂。囊群盖由锯齿多少反卷而成，棕绿色或灰绿色。生于溪边阴处。

蕨　　蕨属

Pteridium aquilinum (L.) Kuhn var. *latiusculum* (Desv.) Underw. ex A. Heller

多年生草本，高可达 1m。叶具长柄；各回羽轴上面纵沟内无毛，末回羽片椭圆形。孢子囊群线形。生于阳光充足林下或空旷地带。

胎生铁角蕨　　铁角蕨属

Asplenium indicum Sledge

附生草本。叶簇生，一回羽状，互生或下部的对生；在羽片的腋间往往有 1 枚被鳞片的芽孢，并能在母株上萌发。孢子囊群线形；囊群盖线形。生于密林下潮湿岩石上或树干上。

（十五）铁角蕨科 Aspleniaceae

毛轴铁角蕨　　铁角蕨属

Asplenium crinicaule Hance

中型草本。根状茎短而直立，密被鳞片。叶披针形，一回羽状；羽片主轴两侧各有多行孢子囊，羽片间无芽孢；叶轴和叶柄被黑色鳞片。生于林下或溪边阴湿处。

倒挂铁角蕨　　铁角蕨属

Asplenium normale D. Don

附生草本，高 15~40cm。叶簇生，披针形，12~24cm，一回羽状；羽片 20~30 对，主轴两侧各有 1 行孢子囊。孢子囊群椭圆形；囊群盖椭圆形。生于密林下或溪旁石上。

长叶铁角蕨 铁角蕨属

Asplenium prolongatum Hook.

附生草本，高 20~40cm。叶片线状披针形，长 10~25cm，宽 3~4.5cm，二回羽状；羽片 20~24 对。孢子囊群狭线形。生于林中阴湿处、岩壁上及树干上。

狭翅铁角蕨 铁角蕨属

Asplenium wrightii D. C. Eaton ex Hook.

附生草本，高达 1m。叶簇生；叶片椭圆形，一回羽状；叶柄和叶轴有狭翅。羽片主两侧各有 1 行孢子囊；囊群盖线形。生于林下或溪边岩石上。

假大羽铁角蕨 铁角蕨属

Asplenium pseudolaserpitiifolium Ching

高大草本，高可达 1m。根状茎斜升。叶片大，长 15~55 (70) cm，宽 9~25cm。孢子囊群狭线形，排列不整齐；囊群盖狭线形。生于山谷石上。

（十六） 乌毛蕨科 Blechnaceae

乌毛蕨 乌毛蕨属

Blechnum orientale L.

土生草本。根状茎短粗直立，木质。叶簇生，卵状披针形，一回羽状复叶；羽片互生。孢子囊群紧贴羽片中脉；囊群盖线形。生于山坡灌丛或疏林树下阳光充足处。

狗脊

狗脊属

Woodwardia japonica (L. f.) Sm.

土生草本。根状茎横卧，与叶柄基部密被鳞片。叶近生，近革质，二回羽裂；小羽片有密细齿；叶脉隆起。孢子囊群线形；囊群盖线形。生于疏林下或山谷溪边。

珠芽狗脊（胎生狗脊）

狗脊属

Woodwardia prolifera Hook. & Arn.

土生草本。叶近生，叶片先端渐尖，二回深羽裂达羽轴两侧的狭翅；羽片 5~13 对，羽片上面通常产生小珠芽。孢子囊群形似新月形。生于疏林下或山谷溪边。

（十七） 蹄盖蕨科 Athyriaceae

长江蹄盖蕨

蹄盖蕨属

Athyrium iseanum Rosenst.

土生草本。根状茎短而直立。叶簇生。叶片长圆形，二回羽状。孢子囊群长圆形、弯钩形、马蹄形或圆肾形；囊群盖同形，黄褐色。生于山谷林下阴湿处。

角蕨

角蕨属

Cornopteris decurrenti-alata (Hook.) Nakai

土生草本。根状茎细长横走或横卧，能育叶长可达 80cm，叶片长达 40cm，一至二回羽状；侧生羽片两侧羽状深裂，小羽片卵形，钝头。生于山谷林下阴湿处。

东洋对囊蕨（假蹄盖蕨） 对囊蕨属

Deparia japonica (Thunb.) M. Kato

土生草本。能育叶长可达1m；叶片长15~50cm，宽6~30cm，侧生分离羽片4~8对。孢子囊群短线形；囊群盖边缘撕裂状。生山谷林下阴湿处。

厚叶双盖蕨 双盖蕨属

Diplazium crassiusculum Ching

土生草本。根状茎先端密被鳞片。叶簇生，一回羽状的能育叶长达1m以上；叶片椭圆形；侧生羽片常2~4对。孢子囊群与囊群盖长线形。生于林下，土生或生于岩石上。

单叶对囊蕨（单叶双盖蕨） 对囊蕨属

Deparia lancea (Thunb.) Fraser-Jenk.

土生草本。叶片披针形或线状披针形，长10~25cm，宽2~3cm，边缘全缘或稍呈波状。孢子囊群线形；囊群盖成熟时膜质，浅褐色。生于溪旁林下酸性土或岩石上。

毛柄双盖蕨（毛柄短肠蕨） 双盖蕨属

Diplazium dilatatum Blume

大型土生草本。能育叶长可达3m；叶柄长可达1m，并有易脱落的褐色、卷曲的短柔毛；叶片三角形。孢子囊群线形。生于热带山地阴湿阔叶林下。

光脚双盖蕨（光脚短肠蕨） 双盖蕨属

Diplazium doederleinii (Luerss.) Makino

土生草本。叶片长达 90cm，羽裂渐尖的顶部以下二回羽状小羽片羽裂；侧生羽片约达 10 对。孢子囊群粗短线形或矩圆形；囊群盖膜质，浅褐色。生阴湿山谷阔叶林下。

毛轴双盖蕨（毛子蕨、毛轴线盖蕨） 双盖蕨属

Diplazium pullingeri (Baker) J. Sm.

石生草本。根状茎短而直立或略斜升。叶簇生；能育叶长达 65cm；叶片椭圆形。孢子囊群及囊群盖长线形；囊群盖背面被柔毛。生于林中石壁脚下或沟谷溪边潮湿岩石上。

食用双盖蕨（菜蕨） 双盖蕨属

Diplazium esculentum (Retz.) Sw.

土生草本。叶片 60~80cm 或更长，下部一回或二回羽状；小羽片 8~10 对，两侧稍有耳。孢子囊群线形；囊群盖线形，黄褐色。生于山谷林下湿地及河沟边。

淡绿双盖蕨（淡绿短肠蕨） 双盖蕨属

Diplazium virescens Kunze

土生草本。能育叶长达 20~40cm，叶长 30~60cm，基部宽 25~40cm，二回羽状，小羽片羽状浅裂至半裂。孢子囊群矩圆形。生于林下。

深绿双盖蕨（深绿短肠蕨） 双盖蕨属

Diplazium viridissimum Christ

大型土生草本。叶簇生。叶长达1.5m，宽达1.3m，二回羽状一小羽片羽状深裂。孢子囊群短线形；囊群盖在囊群成熟前破碎。生于山地阔绿林下及林缘溪沟边。

华南毛蕨 毛蕨属

Cyclosorus parasiticus (L.) Farw.

土生草本。植株高达70cm。叶近生，长35cm，二回羽裂；羽片12~16对，羽片披针形，羽裂达1/2或稍深。孢子囊群圆形；囊群盖小。生于林缘、路边或沟边。

（十八）金星蕨科 Thelypteridaceae

渐尖毛蕨 毛蕨属

Cyclosorus acuminatus (Houtt.) Nakai

土生草本。植株高70~80cm。叶片长40~4cm，宽14~17cm，长圆状披针形，二回羽裂；羽片13~18对。孢子囊群圆形；囊群盖大，深棕色或棕色。生于林下。

截裂毛蕨 毛蕨属

Cyclosorus truncatus (Poir.) Farw.

大型土生草本，高可达2m。根状茎短而直立。叶多数，簇生，中部羽片截头或圆截头。孢子囊群生于侧脉中部稍下处。生于溪边林下或山谷湿地。

普通针毛蕨 针毛蕨属

Macrothelypteris torresiana (Gaudich) Ching

土生草本，高 60~150cm。叶片三角状卵形。孢子囊圆形；囊群圆肾形，淡绿色；孢子囊顶部具 2~3 根头状短毛。孢子圆肾形。生于山谷潮湿处。

微红新月蕨 新月蕨属

Pronephrium megacuspe (Baker) Holttum

土生草本，高 50~70cm。奇数一回羽状；侧生羽片 5~6 对，互生；顶端膨大成水囊。孢子囊群着生于小脉中部以上；孢子囊体上幼时有毛，成熟后多脱落。生于密林下。

红色新月蕨 新月蕨属

Pronephrium lakhimpurense (Rosenst.) Holttum

大型土生草本，高 1.5m 以上。叶远生；叶为羽状，叶片长 60~85cm，奇数一回羽状，侧生羽片 8~12 对。孢子囊群圆形，生于小脉中部。生于山谷或林沟边。

单叶新月蕨 新月蕨属

Pronephrium simplex (Hook.) Holttum

土生草本。高 30~40cm。根状茎横走，略被鳞片。叶疏生，单叶，二型；叶片椭圆状披针形；侧脉基部有一近长方形网眼。孢子囊群圆形，无盖。生于溪边林下或山谷林下。

溪边假毛蕨

假毛蕨属

Pseudocyclosorus ciliatus (Wall. ex Benth.) Ching

中型地生草本。根状茎直立。叶簇生，叶片椭圆状披针形，一回羽状；羽片 7~10 对；叶轴密被柔毛。孢子囊群生小脉中部；囊群盖被毛。生于山谷湿地或溪边石缝。

羽裂圣蕨

圣蕨属

Stegnogramma wilfordii (Hook.) Seriz.

土生草本，高 30~50cm。叶簇生，下部羽状深裂几达叶轴；侧生裂片通常 3 对；叶柄长 17~30cm，基部密被鳞片。孢子囊沿网脉疏生；无盖。生于林下或阴湿山谷处。

耳状紫柄蕨

紫柄蕨属

Pseudophegopteris aurita (Hook.) Ching

土生草本。根状茎长而横走。叶远生；羽轴下侧的裂片较上侧的为长，基部一对最大，其下侧一片尤长。孢子囊群长圆形或有时为卵圆形；无盖。生于中高山溪边林下。

（十九）鳞毛蕨科 Dryopteridaceae

斜方复叶耳蕨

复叶耳蕨属

Arachniodes amabilis (Blume) Tindale

土生草本，高 40~80cm。叶片为卵状披针形，叶片顶端突然收狭；小羽片边缘有裂片。囊群盖全缘，棕色，边缘不具睫毛。生于山林下岩缝或泥土上。

刺头复叶耳蕨

复叶耳蕨属

Arachniodes aristata (G. Forst.) Tindale

土生草本。叶片顶端渐尖，三回羽状，末回小羽片边缘有芒刺状齿；叶柄与叶轴被棕色鳞片。孢子囊群每二回小羽片或裂片 3~5 枚。生于山地林下或岩上。

中华复叶耳蕨

复叶耳蕨属

Arachniodes chinensis (Rosenst.) Ching

土生草本，高 40~65cm。叶片卵状三角形；羽片 8 对，有柄；小羽片约 25 对，互生，有短柄。孢子囊群每小羽片 5~8 对；囊群盖棕色。生于山地杂木林下。

大片复叶耳蕨

复叶耳蕨属

Arachniodes cavaleriei (Christ) Ohwi

土生草本，高 60~70cm。叶片椭圆形，三回羽状。孢子囊群中等大小，每小羽片 5~10 对，每裂片 2~4 对，位中脉与叶边中间；囊群盖深棕色，脱落。生于林下。

华南复叶耳蕨

复叶耳蕨属

Arachniodes festina (Hance) Ching

土生中型草本，高 60~95cm。叶柄长 30~55cm。叶片卵状三角形或长圆形，四回羽状。孢子囊群每末回小羽片或裂片 2~4 (5) 枚；囊群盖暗棕色，脱落。生于山地常绿阔叶林下。

华南实蕨

实蕨属

Bolbitis subcordata (Copel.) Ching

大型土生草本。根状茎密被鳞片。叶簇生；不育叶一回羽状；侧生羽片阔披针形，叶缘深波状裂片。孢子囊群初沿网脉分布，后满布羽片下面。生于山谷水边密林下石上。

贯众

贯众属

Cyrtomium fortunei J. Sm.

石生草本，高 25~50cm。根茎直立，密被棕色鳞片。叶簇生，奇数一回羽状；孢子囊群遍布羽片背面；囊群盖圆形，盾状，全缘。生于空旷地石灰岩缝或林下。

亮鳞肋毛蕨

肋毛蕨属

Ctenitis subglandulosa (Hance) Ching

土生草本，株高约 1m。根状茎短而粗壮，直立，叶片三角状卵形，基部一对羽片最大，其下侧特别伸长。孢子囊群圆形；囊群盖心形。生于山谷林下沟旁石缝。

阔羽贯众

贯众属

Cyrtomium yamamotoi Tagawa

土生草本，高 40~60cm。根茎直立，密被披针形黑棕色鳞片。叶簇生，奇数一回羽状。孢子囊群遍布羽片背面；囊群盖圆形。生于林下。

阔鳞鳞毛蕨

鳞毛蕨属

Dryopteris championii (Benth.) C. Chr. ex Ching

土生草本，高 50~80cm。根状茎顶端密被鳞片。叶簇生，二回羽状；羽片 10~15 对；小羽片 10~13 对。孢子囊群大，位于中脉与边缘之间或略靠近边缘着生；囊群盖圆肾形。生于林下。

迷人鳞毛蕨

鳞毛蕨属

Dryopteris decipiens (Hook.) Kuntze

土生草本，高 60cm。叶簇生，一回羽状，羽片 10~15 对。孢子囊群圆形，在羽片中脉两侧通常各一行，少有不规则二行；囊群盖圆肾形。生于林下。

桫椤鳞毛蕨

鳞毛蕨属

Dryopteris cycadina (Franch. & Sav.) C. Chr.

土生草本，高 50cm。根状茎粗短，直立。叶片披针形，一回羽状半裂至深裂。孢子囊群小，着生于小脉中部，散布在中脉两侧；囊群盖圆肾形，全缘。生于杂木林下。

红盖鳞毛蕨

鳞毛蕨属

Dryopteris erythrosora (D. C. Eaton) Kuntze.

土生草本，高 40~80cm。根状茎横卧或斜升。叶簇生，叶片长圆状披针形，二回羽状。孢子囊群较小，靠近中脉着生；囊群盖圆肾形。生于林下。

黑足鳞毛蕨

鳞毛蕨属

Dryopteris fuscipes C. Chr.

土生草本，高 50~80cm。叶簇生；叶柄最基部为黑色，其余禾秆色；叶片卵状披针形或三角状卵形。孢子囊群大；囊群盖圆肾形。生于林下。

无盖鳞毛蕨

鳞毛蕨属

Dryopteris scottii (Bedd.) Ching ex C. Chr.

土生草本，高 50~80cm。叶柄有小鳞片；叶片顶端羽裂渐尖，一回羽状；羽片边缘有波状圆齿。孢子囊群圆形，在羽轴两侧各排成波状不整齐2~3行，无盖。生于林下。

平行鳞毛蕨

鳞毛蕨属

Dryopteris indusiata (Makino) Makino & Yamam.

土生草本，高 40~60cm。叶片长 25~40cm，宽 20~25cm，二回羽状。孢子囊群大，靠近小羽片中脉着生；囊群盖圆肾形。生于林下。

奇羽鳞毛蕨（奇数鳞毛蕨）

鳞毛蕨属

Dryopteris sieboldii (Van Houtte ex Mett.) Kuntze

土生草本，高 0.5~1.0m。根状茎粗短，直立。叶簇生，长圆形或三角状卵形，奇数一回羽状。孢子囊群圆形，生于小脉的中部稍下处；囊群盖圆肾形。生于林下。

稀羽鳞毛蕨　鳞毛蕨属

Dryopteris sparsa (D. Don) Kuntze

土生草本，高 50~70cm。根状茎被披针形鳞片。叶簇生，叶片卵状长圆形，顶端长渐尖并为羽裂，羽状分裂。孢子囊群圆形；囊群盖圆肾形。生于林下溪边。

华南舌蕨　舌蕨属

Elaphoglossum yoshinagae (Yatabe) Makino

附生草本，高 15~30cm。根状茎短，横卧或斜升。叶披针形。孢子囊沿侧脉着生，成熟时满布于能育叶下面。生于山谷岩石上或潮湿树干上。

变异鳞毛蕨　鳞毛蕨属

Dryopteris varia (L.) Kuntze

土生草本，高 50~70cm。根状茎横卧或斜升，叶簇生，叶片五角状卵形；长 30~40cm，宽 20~25cm。孢子囊群较大；囊群盖圆肾形，棕色，全缘。生于林下。

巴郎耳蕨（镰羽贯众）　耳蕨属

Polystichum balansae Christ

土生草本。叶片 25~60cm；基部柄鳞棕色，狭卵形和披针形；羽叶 12~18 对。孢子囊群圆形，生于小脉顶端，有时背生；囊群盖盾形。生于林下。

陈氏耳蕨

耳蕨属

Polystichum chunii Ching

附生草本，高 40~50cm。根状茎斜升。叶簇生，二回羽状，羽状的侧生羽片 10 对以下。孢子囊群小，中生于小脉背部；圆盾形的囊群盖小。生于林下岩石上。

灰绿耳蕨

耳蕨属

Polystichum scariosum (Roxb.) C. V. Morton

土生草本。叶簇生，变化大；叶柄上面有深沟槽；叶轴有 1 或 2 枚密被鳞片的大芽孢。孢子囊群生于小脉背部或顶端；孢子具刺状突起。生于林下溪边。

（二十）肾蕨科 Nephrolepidaceae

肾蕨

肾蕨属

Nephrolepis cordifolia (L.) C. Presl

土生草本。匍匐茎铁丝状，匍匐茎上生有近圆形的块茎。叶簇生，长 30~70cm，一回羽状；羽片互生，45~120 对；钝头。孢子囊群肾形；囊群盖肾形。生于林下。

（二十一）三叉蕨科 Tectariaceae

条裂叉蕨（条裂三叉蕨）

三叉蕨属

Tectaria phaeocaulis (Rosenst.) C. Chr.

土生草本。叶簇生，先端渐尖并为羽状撕裂，基部羽状。叶脉联结成近六角形网眼，有分叉的内藏小脉。孢子囊群圆形；囊群盖圆盾形。生于山谷或河边密林下阴湿处。

燕尾叉蕨（燕尾三叉蕨） 三叉蕨属

Tectaria simonsii (Baker) Ching

大型土生草本。根状茎被鳞片。叶片三角卵形，长 30~45cm，奇数羽状；叶脉联结成近六角形网眼。孢子囊群圆形；囊群盖圆盾形。生于山谷或河边密林下潮湿的岩石上。

三叉蕨 三叉蕨属

Tectaria subtriphylla (Hook. & Arn.) Copel.

土生草本，高 50~70cm。叶近生，二型，不育叶一回羽状，能育叶近同形但各部均缩狭；侧生羽片 1~2 对。孢子囊群圆形；囊群盖圆肾形。生于山谷或林下潮湿处。

（二十二）骨碎补科 Davalliaceae

杯盖阴石蕨（白毛蛇、圆盖阴石蕨） 骨碎补属

Davallia griffithiana Hook.

土生草本。根茎横走，密被鳞片。叶柄上面有纵沟，叶疏生，三角状卵形，羽状分裂，羽片互生，长三角形，有柄。孢子囊群生于裂片上缘；囊群盖宽杯形。

阴石蕨 骨碎补属

Davallia repens (L. f.) Kuhn

附生草本，高 10~20cm。叶远生，三角状卵形，二回羽状深裂；羽片 6~10 对，以狭翅相连。孢子囊群沿叶缘着生，常仅于羽片上部有 3~5 对。生于溪边树上或阴处石上。

（二十三）水龙骨科 Polypodiaceae

槲蕨

槲蕨属

Drynaria roosii Nakaike

附生，螺旋状攀缘。叶二型；基生不育叶卵形，长达 30cm；能育叶深羽裂，披针形。孢子囊群圆形。附生树干或石上，偶生于墙缝。

日本水龙骨（水龙骨）

棱脉蕨属

Goniophlebium niponicum (Mett.) Bedd.

附生。根状茎长而横走，疏被鳞片。叶远生，羽状深裂。孢子囊群圆形，在裂片中脉两侧各 1 行，着生于内藏小脉顶端，靠近裂片中脉着生。附生于石上或树上。

友水龙骨

棱脉蕨属

Goniophlebium amoenum (Wall. ex Mett.) Ching

附生草木。根状茎横走，密被鳞片；鳞片披针形，叶远生；叶片卵状披针形，长 40~50cm，宽 20~25cm。孢子囊群圆形。附生于石上或大树干基部。

抱石莲（抱树莲）

伏石蕨属

Lemmaphyllum drymoglossoides (Baker) Ching

小型附生草木。根状茎被钻状鳞片。叶远生，二型；不育叶长圆形至卵形；能育叶舌状或倒披针形。孢子囊群圆形，沿主脉两侧各成一行。附生阴湿树干和岩石上。

伏石蕨

伏石蕨属

Lemmaphyllum microphyllum C. Presl

小型附生草本。叶疏生，二型；不育叶近无柄，近圆形或卵圆形，长 1.6~2.5cm；能育叶舌状或窄披针形，叶柄 3~8mm。孢子囊群线形。附生林中树干上或岩石上。

表面星蕨

瓦韦属

Lepisorus superficialis (Blume) Li Wang

攀缘植物。根状茎略成扁平形。叶远生，叶片披针形。孢子囊群圆形，小而密，散生于叶片下面中脉与叶片之间，呈不整齐的多行。攀缘于林中树干上或附生于岩石。

骨牌蕨

伏石蕨属

Lemmaphyllum rostratum (Bedd.) Tagawa

附生草本，高 10cm。叶近二型，具短柄；不育叶阔披针形，长 6~10cm，先端鸟嘴状；能育叶长而狭。孢子囊群圆形，在主脉两侧各一行。附生林下树干上或岩石上。

瓦韦

瓦韦属

Lepisorus thunbergianus (Kaulf.) Ching

附生草本，高 10~20cm。根状茎密被披针形鳞片。叶片线状披针形，长 10~20cm，基部渐变狭并下延。孢子囊群圆形，成熟后扩展几密接。生于山谷溪边石上。

掌叶线蕨

薄唇蕨属

Leptochilus digitatus (Baker) Noot.

土生草本，高 30~50cm。根状茎长而横走。叶片通常为掌状深裂，有时为 2~3 裂或单叶。孢子囊群线形，斜向上，平行。生于林下或溪边石头上。

宽羽线蕨

薄唇蕨属

Leptochilus ellipticus (Thunb. ex Murray) Noot. var. *pothifolius* (Buch.-Ham. ex D. Don) X. C. Zhang

土生草本，高 60~100cm。叶远生，能育叶与不育叶近同形，羽状深裂，裂片 4~10 对，线状披针形。孢子囊群线形；孢子表面具颗粒。生于林下溪边石上。

线蕨

薄唇蕨属

Leptochilus ellipticus (Thunb. ex Murray) Noot.

土生草本，高 20~60cm。叶远生，近二型；不育叶叶片长圆状卵形，长 20~70cm，一回羽裂深达叶轴；羽片或裂片 4~11 对。孢子囊群线形。生于林下。

胄叶线蕨

薄唇蕨属

Leptochilus hemitomus (Hance) Noot.

土生草本，高 25~60cm。根茎横走，密被鳞片。叶疏生，具 1 对近平展披针形裂片，小脉网状，每对侧脉间有 2 行网眼。孢子囊群线形。生于山谷疏林下。

绿叶线蕨 薄唇蕨属

Leptochilus leveillei (Christ) X. C. Zhang & Noot.

土生草本，高 25~40cm。根状茎长而横走。叶疏生或近生，通常一型。孢子囊群线形，在每对侧脉间排列成一行，从中脉斜出，直达叶边；无囊群盖。生于阴湿林下。

柳叶剑蕨 剑蕨属

Loxogramme salicifolia (Makino) Makino

附生草本，高 15~35cm。根状茎横走，叶远生，叶片披针形，长 12~32cm，宽 1~3cm；叶稍肉质，干后革质。孢子囊群线形；孢子较短，椭圆形，单裂缝。附生树干或岩石上。

褐叶线蕨 薄唇蕨属

Leptochilus wrightii (Hook. & Baker) X. C. Zhang

土生或附生草本。叶远生，倒披针形，长 25~35cm，边缘浅波状，叶背疏生小鳞片。孢子囊群线形；孢子周壁表面具球形颗粒和缺刻状刺。土生或附生于阴湿岩石上。

羽裂星蕨 星蕨属

Microsorum insigne (Blume) Copel.

附生草本，高 40~100cm。叶疏生或近生，长 20~50cm，羽状深裂；裂片 1~12 对，对生。孢子囊群近圆形，着生网脉连接处；孢子豆形。生于林下沟边岩石上或山坡林下。

膜叶星蕨

星蕨属

Microsorum membranaceum (D. Don) Ching

附生或土生草本，高 50~80cm。根状茎密被鳞片。叶片阔披针形至椭圆披针形；叶柄短，1~2cm，具棱。孢子囊群小，圆形。生于山谷溪边或林下岩石或树干上。

（王云涯）

星蕨

星蕨属

Microsorum punctatum (L.) Copel.

附生草本，高 40~60cm。根状茎常光秃，被白粉，偶有鳞片。叶近簇生，纸质。孢子囊群小而密，不规则散生；孢子豆瓣型。生长在疏阴处的树干上或墙垣上。

江南星蕨

盾蕨属

Neolepisorus fortunei (T. Moore) L. Wang

附生草本，高 30~80cm。叶远生，线状披针形至披针形，长 25~60cm；叶柄长 8~20cm。孢子囊群圆形；孢子豆形，周壁具不规则褶皱。生于林下溪边石上或树干上。

盾蕨（卵叶盾蕨）

盾蕨属

Neolepisorus ovatus (Wall. ex Bedd.) Ching

土生草本，高 20~40cm。叶片卵状，基部圆形，宽 7~12cm。孢子囊群圆形，沿主脉两侧排成不整齐的多行，或在侧脉间排成不整齐的一行。生于林下或溪边。

相近石韦 石韦属

Pyrrosia assimilis (Baker) Ching

附生草本，高 5~15 (20)cm。根状茎长而横走。叶近生，一型；无柄；叶片线形，长度变化很大。孢子囊群聚生于叶片上半部，无盖。附生山坡林下荫湿岩石上。

石韦 石韦属

Pyrrosia lingua (Thunb.) Farw.

附生草本，高 10~30cm。根状茎长而横走，密被鳞片。叶近二型，不育叶长圆形；能育叶较不育叶长且窄。孢子囊群近椭圆形，几乎布满叶片大上部分。生于山地岩石上或树干上。

裸子植物

（二十四） 买麻藤科 Gnetaceae

小叶买麻藤 买麻藤属

Gnetum parvifolium (Warb.) C. Y. Cheng ex Chun

常绿藤本。叶革质，椭圆形，宽约 3cm，侧脉下面稍隆起。雌球花序的每总苞内有雌花 5~8 朵。种子长椭圆形。花期 4~6 月，种子成熟期 7~11 月。生于海拔较低的森林中。

（二十五） 松科 Pinaceae

江南油杉 油杉属

Keteleeria fortunei (Murr.) Carr. var. *cyclolepis* (Flous) Silba

常绿乔木，高达 20m。树皮灰褐色，不规则纵裂。叶条形，在侧枝上排列成两列。球果圆柱形或椭圆状圆柱形。种子 10 月成熟。生于山地。

马尾松

松属

Pinus massoniana Lamb.

常绿乔木。树皮裂成不规则的鳞状块片。针叶 2 针一束，稀 3 针一束。球果卵圆形；种子长卵圆形，具翅。花期 3~4 月，果期翌年 10~12 月。生于山地疏林。

（二十六） 柏科 Cupressaceae

杉木

杉木属

Cunninghamia lanceolata (Lamb.) Hook.

常绿乔木。叶二列状，披针形或线状披针形，扁平；叶和种鳞螺旋状排列。雄球花多数，簇生于枝顶端，每种鳞有种子 3 颗。花期 4 月，球果 10 月下旬成熟。野生或栽培。

（二十七） 红豆杉科 Taxaceae

篦子三尖杉

三尖杉属

Cephalotaxus oliveri Mast.

常绿灌木，高达 4m。叶条形，质硬，平展成两列，排列紧密。雄球花 6~7 聚生成头状花序；雌球花的胚珠发育成种子；种子倒卵圆形。花期 3~4 月。种子 8~10 月成熟。生于林内。

被子植物

（二十八） 五味子科 Schisandraceae

黑老虎（冷饭团）

南五味子属

Kadsura coccinea (Lem.) A. C. Sm.

常绿木质藤本。叶厚革质，长 7~18cm，宽 3~8cm，边全缘。花单生叶腋，稀成对；花被片红色。聚合果近球形，果大，红色或暗紫色。花期 4~7 月，果期 7~11 月。生于疏林中。

南五味子

南五味子属

Kadsura longipedunculata Finet & Gagnep.

藤本。叶纸质，边有疏齿，长 5~13cm，宽 2~6cm。花单生于叶腋，花被片淡黄色，花序柄长达 5cm 以上。聚合果球形，较小。花期 6~9 月，果期 9~12 月。生于疏林中。

绿叶五味子

五味子属

Schisandra arisanensis Hayata subsp. *viridis* (A. C. Sm.) R. M. K. Saunders

落叶木质藤本。叶纸质，叶背绿色，边缘具齿。花被片黄绿色或绿色。聚合果，果皮具黄色腺点。花期 4~6 月，果期 7~9 月。生于山沟、溪谷丛林或林间。

（二十九） 三白草科 Saururaceae

蕺菜（鱼腥草）

蕺菜属

Houttuynia cordata Thunb.

多年生草本，高 30~60cm。叶薄纸质，心形或阔卵形，长 4~10cm，叶背常紫红色。总苞片白色。蒴果长 2~3mm。花期 4~7 月。生于沟边、溪边或林下湿地上。

三白草

三白草属

Saururus chinensis (Lour.) Baill.

湿生草本，高约 1m。叶纸质，阔卵形至卵状披针形，长 10~20cm，宽 5~10cm。花序白色；果近球形。花期 4~6 月。生于低湿沟边、塘边或溪旁。

（三十） 胡椒科 Piperaceae

石蝉草

草胡椒属

Peperomia blanda (Jacq.) Kunth

肉质草本。叶纸质，对生或 3~4 片轮生。穗状花序单生或簇生，顶生和腋生。浆果球形。花期 6~10 月。生于林谷、溪旁或湿润岩石上。

华南胡椒

胡椒属

Piper austrosinense Y. C. Tseng

木质攀缘藤本。叶卵状披针形，基部心形，长 8~11cm，宽 6~7cm。穗状花序；雌雄异株。浆果球形。花期 4~6 月。生于密林或疏林中，攀缘于树上或石上。

山蒟

胡椒属

Piper hancei Maxim.

攀缘藤本。叶互生，披针形。穗状花序，花单性，雌雄异株。浆果球形，黄色。花期 3~8 月。生于林中石上或树上。

小叶爬崖香

胡椒属

Piper sintenense Hatusima

攀缘或匍匐藤本。叶长圆形，长 7~11cm，宽 3~4.5cm，不对称，具细腺点。穗状花序与叶对生；雌雄异株；雄花序长 5~13cm。浆果倒卵形。花期 3~7 月。生于疏林或山谷密林中，常攀缘于树上或石上。

（三十一）马兜铃科 Aristolochiaceae

尾花细辛　　细辛属

Asarum caudigerum Hance

多年生草本。叶阔卵形，长 4~10cm，宽 3.5~10cm；叶柄细长，被密被长柔毛。花被绿色；子房下位。果近球状。花期 4~5 月。生于林下、溪边和路旁阴湿地。

金耳环　　细辛属

Asarum insigne Diels

多年生草本，有浓烈的麻辣味。叶片卵形。花紫色；花被管钟状，中部以上扩展成一环突，然后缢缩，喉孔窄三角形 。花期 3~4 月。生于林下湿地或山坡。

（三十二）木兰科 Magnoliaceae

木莲　　木莲属

Manglietia fordiana Oliv.

乔木，高达 20m。叶革质，边缘稍内卷，叶背被红色平伏毛。花梗粗壮；花被片纯白色；雌蕊群长约 1.5cm。聚合果褐色。花期 5 月，果期 10 月。生于林中。

毛桃木莲（广东木莲）　　木莲属

Manglietia kwangtungensis (Merr.) Dandy

乔木，高达 14m。树皮深灰色。叶革质；叶柄、果柄密被锈色茸毛。花梗长 6~12cm；花被片 9，乳白色。聚合果卵球形。花期 5~6 月，果期 10~12 月。生于林中。

乐昌含笑 含笑属

Michelia chapensis Dandy

乔木。叶薄革质，倒卵形、狭倒卵形或长圆状倒卵形。花梗被平伏灰色微柔毛，花被片淡黄色，6片，芳香。花期3~4月，果期8~9月。生于林中。

紫花含笑 含笑属

Michelia crassipes Y. W. Law

小乔木或灌木。叶革质，狭长圆形、倒卵形或狭倒卵形，很少狭椭圆形。花梗长3~4mm，花极芳香；紫红色或深紫色。花期4~5月，果期8~9月。生于林中。

金叶含笑 含笑属

Michelia foveolata Merr. ex Dandy

乔木，高达30m。叶大，不对称，长17~23cm，宽6~11cm。花被片9~12片，淡黄色，基部带紫色。聚合果穗状。花期3~5月，果期9~10月。生于林中。

醉香含笑（火力楠） 含笑属

Michelia macclurei Dandy

乔木，高达30m。叶椭圆形。花2~3朵组成聚伞花序；花被片9，匙状倒卵形，白色。聚合果长3~7cm。花期3~4月，果期9~11月。生于林中。

深山含笑

含笑属

Michelia maudiae Dunn

乔木，高达20m。叶革质，长7~18cm，宽3.5~8.5cm。花被片9片，纯白色，基部淡红色。聚合果长7~15cm。花期1~3月，果期10~11月。生于林中。

野含笑

含笑属

Michelia skinneriana Dunn

乔木，高达15m，树皮灰白色。叶革质。花白色，雌蕊群密被褐色毛。聚合果长4~7cm。花期5~6月，果期8~9月。生于山谷、溪边密林中。

观光木

含笑属

Michelia odora (Chun) Nooteboom & B. L. Chen

常绿乔木。叶倒卵状椭圆形；托叶痕达叶柄中部。花芳香；花被片象牙黄色，有红色小斑点。聚合果长椭圆体形。花期3~4月，果期10~11月。生于林中。

（三十三） 番荔枝科 Annonaceae

香港鹰爪花

鹰爪花属

Artabotrys hongkongensis Hance

攀缘灌木。叶革质，椭圆状长圆形，6~12cm，宽2.5~4cm。花单生，萼片三角形，花瓣卵状披针形。果椭圆状。花期3~5月，果期5~8月。生于山谷疏林阴湿处。

假鹰爪

假鹰爪属

Desmos chinensis Lour.

攀缘或直立灌木。叶长圆形，长4~13cm，宽2~5cm。花瓣镊合状排列，6片，2轮。果具柄，念珠状，长2~5cm。花期4~6月，果期6月至翌年3月。生于林缘。

瓜馥木

瓜馥木属

Fissistigma oldhamii (Hemsl.) Merr.

攀缘灌木。叶倒卵状椭圆形，长6~13cm，宽2~5cm。花瓣6片，2轮。果圆球状，密被黄棕色茸毛。花期4~9月，果期7月至翌年2月。生于疏林或灌丛中。

白叶瓜馥木

瓜馥木属

Fissistigma glaucescens (Hance) Merr.

攀缘灌木。叶近革质，长圆状椭圆形，背白色。总状花序顶生；花瓣6片，2轮，均被毛。果圆球状。花果期几乎全年。生于山地林下或灌丛中。

多花瓜馥木（黑风藤）

瓜馥木属

Fissistigma polyanthum (Hook. f. & Thomson) Merr.

攀缘灌木。叶近革质，长圆形。花小，花蕾圆锥状。果圆球状；种子椭圆形。花期几乎全年，果期3~10月。常生于山谷和路旁林下。

香港瓜馥木　　瓜馥木属

Fissistigma uonicum (Dunn) Merr.

攀缘灌木。小枝无毛。叶长圆形，叶背淡黄色。花瓣 6 片，2 轮，外轮比内轮长。果圆球状。花期 3~6 月，果期 6~12 月。生于山地林下及灌丛中。

光叶紫玉盘　　紫玉盘属

Uvaria boniana Finet & Gagnep.

攀缘灌木。叶纸质，长圆形。花瓣革质，紫红色，6 片排成 2 轮，覆瓦状排列。果球形；果柄细长。花期 5~10 月，果期 6 月至翌年 4 月。生于山林中或灌丛。

（三十四）樟科 Lauraceae

广东琼楠　　琼楠属

Beilschmiedia fordii Dunn

乔木。叶通常对生。聚伞状圆锥花序通常腋生；花黄绿色。果椭圆形。花果期 6~12 月。常生于湿润的山地山谷密林或疏林中。

琼楠（二色琼楠）　　琼楠属

Beilschmiedia intermedia C. K. Allen

乔木。叶长 6.5~11cm，宽 2.5~4.5cm。花绿白色，花被裂片椭圆形，有线状斑点。果长圆形。花期 8~11 月，果期 10 月至翌年 5 月。生于山谷、缓坡上和溪旁林中。

网脉琼楠　　琼楠属

Beilschmiedia tsangii Merr.

乔木。叶椭圆形，中脉于叶面凹陷，网脉在两面呈蜂窝状突起。花序腋生；花白色。果椭圆形。花期5~7月，果期7~12月。常生于山坡湿润混交林中。

华南桂　　樟属

Cinnamomum austrosinense H. T. Chang

乔木。叶椭圆形，边缘内卷，三出脉。圆锥花序，花黄绿色。果椭圆形。花期6~8月，果期8~10月。生于山坡、溪边林中或灌丛中。

毛桂　　樟属

Cinnamomum appelianum Schewe

小乔木。叶长4.5~11.5cm，宽1.5~4cm，离基三出脉。圆锥花序；花白色。果椭圆形。花期4~6月，果期6~8月。生于山坡或谷地的灌丛和疏林。

樟　　樟属

Cinnamomum camphora (L.) Presl

乔木，高可达30m。树皮纵裂。叶互生，离基三出脉，边缘波状。花序腋生；花绿白色。果球形。花期4~5月，果期8~11月。生于林中。

黄樟

樟属

Cinnamomum parthenoxylon (Jack) Meisn.

常绿乔木。树皮小片剥落。叶互生，羽状脉，脉腋窝明显；有各种味。花小，黄绿色。果倒卵形。花期 3~5 月，果期 4~10 月。生于林中。

川桂

樟属

Cinnamomum wilsonii Gamble

乔木。叶互生或近对生，卵圆形或卵圆状长圆形。圆锥花序腋生，花白色。花期 4~5 月，果期 6 月以后。生于山谷或山坡阳处或沟边、林中。

香桂

樟属

Cinnamomum subavenium Miq.

乔木。叶在幼枝上近对生，在老枝上互生，椭圆形。花淡黄色。果椭圆形。花期 6~7 月，果期 8~10 月。生于山坡或山谷的常绿阔叶林中。

厚壳桂

厚壳桂属

Cryptocarya chinensis (Hance) Hemsl.

乔木。叶长椭圆形，革质，离基三出脉。花淡黄色。果球形，熟时紫黑色，有纵棱。花期 4~5 月，果期 8~12 月。生于山林中。

硬壳桂　　厚壳桂属

Cryptocarya chingii W. C. Cheng

小乔木。叶互生，长圆形，长 6~13cm，宽 2.5~5cm，羽状脉；叶柄被短柔毛。圆锥花序。果椭圆形。花期 6~10 月，果期 9 月至翌年 3 月。生于林中。

乌药　　山胡椒属

Lindera aggregata (Sims) Kosterm.

常绿灌木或小乔木。幼枝密被金黄色绢毛。叶卵形，叶背苍白色，三出脉。伞形花序，花被片 6；黄绿色。果卵形。花期 3~4 月，果期 5~11 月。生林中。

黄果厚壳桂　　厚壳桂属

Cryptocarya concinna Hance

乔木。叶互生，椭圆形，长 5~10cm，宽 2~3cm，羽状脉。圆锥花序；花被筒钟形。果椭圆形，熟时黑色。花期 3~5 月，果期 6~12 月。生于林中。

香叶树　　山胡椒属

Lindera communis Hemsl.

常绿灌木或小乔木。叶互生，卵形，长 4~5cm，宽 1.5~3.5cm。伞形花序生于叶腋；花被片 6。果卵形。花期 3~4 月，果期 9~10 月。生于林中。

山胡椒　　山胡椒属

Lindera glauca (Siebold & Zucc.) Blume

灌木或小乔木。叶互生，椭圆形。花被片黄色，雄花椭圆形，雌花椭圆或倒卵形。花期 3~4 月，果期 7~8 月。生于林缘、路边。

黑壳楠　　山胡椒属

Lindera megaphylla Hemsl.

常绿乔木。叶集生枝顶，倒披针形。伞形花序多花，花黄绿色，花被片 6。果椭圆形。花期 2~4 月，果期 9~12 月。生于林中。

广东山胡椒（广东钓樟）　　山胡椒属

Lindera kwangtungensis (H. Liu) C. K. Allen

常绿乔木。叶椭圆状披针形，羽状脉。伞状花序常 2~3 个生于短枝上。果球形。花期 3~4 月，果期 8~9 月。生于山坡林中。

滇粤山胡椒　　山胡椒属

Lindera metcalfiana C. K. Allen

小乔木。叶椭圆形。伞形花序 1~2(3) 腋生，花黄色。果球形，紫黑色。花期 3~5 月，果期 6~10 月。生于林中。

绒毛山胡椒　山胡椒属

Lindera nacusua (D. Don) Merr.

常绿小乔木。叶互生，下面密被黄褐色长柔毛。伞形花序，花黄色，花被片 6。果近球形，成熟时红色。花期 5~6 月，果期 7~10 月。生于林中。

山鸡椒（山苍子）　木姜子属

Litsea cubeba (Lour.) Pers.

落叶小乔木。叶互生，披针形，长 4~11cm。伞形花序单生或簇生；花淡黄色，花被片 6。果近球形。花期 2~3 月，果期 7~8 月。生于向阳的山地、灌丛或林中路边。

尖脉木姜子　木姜子属

Litsea acutivena Hayata

常绿乔木。叶互生，披针形，长 4~11cm，宽 2~4cm。伞形花序簇生；花被裂片 6。果椭圆形。花期 7~8 月，果期 12 月至翌年 2 月。生于林中。

黄丹木姜子（长叶山姜）　木姜子属

Litsea elongata (Wall. ex Nees) Benth. & Hook. f.

常绿小乔木。叶互生，长圆形，长 6~22cm，宽 2~6cm；叶柄密被茸毛。伞形花序单生，少簇生；花被裂片卵形。果长圆形。花期 5~11 月，果期 2~6 月。生于山坡路旁、杂木林下。

潺槁木姜子　　木姜子属

Litsea glutinosa (Lour.) C. B. Rob.

常绿乔木。叶革质，倒卵状长圆形，长6.5~15cm，宽5~11cm；伞形花序，花淡黄色，能育雄蕊15枚。果球形。花期5~6月，果期9~10月。生于山地林缘、溪旁、疏林或灌丛中。

毛叶木姜子　　木姜子属

Litsea mollis Hemsl.

落叶小乔木，高达4m。小枝被毛。叶互生，长圆形。伞形花序腋生，常2~3个簇生于短枝上，花被裂片6，黄色。果球形。花期3~4月，果期9~10月。生于山坡灌丛中或阔叶林中。

华南木姜子（华南木姜）　　木姜子属

Litsea greenmaniana C. K. Allen

常绿小乔木。叶互生，椭圆形，长4~13.5cm，宽2~3.5cm。伞形花序；花被裂片6，黄色。果椭圆形。花期7~8月，果期12月至翌年3月。生于山谷杂木林中。

豺皮樟　　木姜子属

Litsea rotundifolia Nees var. *oblongifolia* (Nees) C. K. Allen

常绿灌木，高约3m。树皮常有褐色斑块。叶互生，卵状长圆形。聚伞花序；花被裂片6，黄色。果球形，熟时灰蓝色。花期8~9月，果期9~11月。生于山地林中。

桂北木姜子（桂花木姜）

木姜子属

Litsea subcoriacea Yen C. Yang & P. H. Huang

常绿乔木，高 6~7m。叶披针形，长 5.5~20cm，宽 1.5~5.5cm，薄革质。花被裂片 6，卵形。果椭圆形。花期 8~9 月，果期翌年 1~2 月。生于山谷疏林或混交林中。

华润楠

润楠属

Machilus chinensis (Champ. ex Benth.) Hemsl.

乔木。树皮薄片状剥落。叶倒卵状长椭圆形，长 5~10cm，宽 2~4cm，侧脉约 8 条。圆锥花序顶生，花白色。果球形。花期 11 月，果期翌年 2 月。生于山坡阔叶混交疏林或矮林中。

短序润楠

润楠属

Machilus breviflora (Benth.) Hemsl.

乔木。叶小，略聚生枝顶，倒卵形。圆锥花序顶生；外轮花被片略小，绿白色。果球形。花期 7~8 月，果期 10~12 月。生山地或山谷阔叶混交疏林中，或生于溪边。

薄叶润楠（华东润楠）

润楠属

Machilus leptophylla Hand.-Mazz.

高大乔木。叶倒卵状长圆形，长 14~32cm，宽 3.5~8cm，幼时下面被贴伏银色绢毛，坚纸质。圆锥花序，花白色。果球形。花期 4~5 月，果期 8~9 月。生于林中。

木姜润楠

润楠属

Machilus litseifolia S. K. Lee

乔木。树皮黑色。叶倒披针形，长 6.5~12cm，宽 2~4.4cm，下面粉绿色。花被裂片长圆形。果球形。花期 3~5 月，果期 6~7 月。生于山地阔叶混交疏林或密林或灌丛中。

凤凰润楠（硬叶润楠）

润楠属

Machilus phoenicis Dunn

中等乔木，高约 5m。树皮褐色，全株无毛。叶椭圆形、长椭圆形至狭长椭圆形。花被裂片近等长，长圆形或狭长圆形，绿色。果球形。生于混交林中。

刨花润楠

润楠属

Machilus pauhoi Kaneh.

乔木。树皮浅裂。叶椭圆形，长 7~15cm，宽 2~5cm，背面被绢毛。聚伞圆锥花序生枝条下部；花黄绿色。果球形。花期 3~4 月，果期 4~5 月。生于山坡灌丛或山谷疏林中。

红楠

润楠属

Machilus thunbergii Siebold & Zucc.

常绿乔木，高达 15m。叶倒卵形，长 4.5~9cm，宽 1.7~4.2cm，无毛。花序顶生；花被裂片长圆形。果扁球形，果梗鲜红色。花期 2 月，果期 7 月。生于山地阔叶混交林中。

绒毛润楠（绒楠）

润楠属

Machilus velutina Champ. ex Benth.

乔木，高达 18m。叶狭倒卵形、椭圆形或狭卵形，长 5~11（18）cm，宽 2~5（5.5）cm。聚伞花序生于顶端。果球形，紫红色。花期 10~12 月，果期翌年 2~3 月。生于山坡疏林中。

云和新木姜子

新木姜子属

Neolitsea aurata (Hayata) Koidz. var. *paraciculata* (Nakai) Yen C. Yang & P. H.Huang

乔木。叶离基三出脉。叶片通常略较窄，下面疏生黄色丝状毛。伞形花序 3~5 个簇生于枝顶或节间。花期 2~3 月，果期 9~10 月。生于山地杂木林中。

新木姜子

新木姜子属

Neolitsea aurata (Hayata) Koidz.

乔木；高达 14m。叶离基三出脉，叶背被金黄色绢毛。伞形花序 3~5 个簇生于枝顶或节间。果椭圆形。花期 2~3 月，果期 9~10 月。生于山坡林缘或杂木林中。

锈叶新木姜子

新木姜子属

Neolitsea cambodiana Lecomte

乔木，高 8~12m。叶 3~5 片近轮生；小枝、叶柄、叶背被锈色茸毛。伞形花序多个簇生叶腋或枝侧。果球形。花期 10~12 月，果期翌年 7~8 月。生山地混交林中。

鸭公树

新木姜子属

Neolitsea chui Merr.

乔木。叶椭圆形，互生或聚生于枝顶呈轮生状，长 8~16cm，宽 2.7~9cm。伞形花序腋生或侧生；花被裂片 4。果近球形。花期 9~10 月，果期 12 月。生于疏林中。

显脉新木姜子

新木姜子属

Neolitsea phanerophlebia Merr.

小乔木，高达 10m。叶轮生或散生，长圆形，长 6~13cm，宽 2~4.5cm，离基三出脉。花被裂片 4。果近球形。花期 10~11 月，果期翌年 7~8 月。生于山谷疏林中。

大叶新木姜子

新木姜子属

Neolitsea levinei Merr.

乔木，高达 22m。叶较大，4~5 片轮生，长 15~31cm，离基三出脉，叶背被黄褐色长柔毛。花被黄白色。果椭圆形。花期 3~4 月，果期 8~10 月。生于山地路旁及山谷密林中。

羽脉新木姜子

新木姜子属

Neolitsea pinninervis Yen C. Yang & P. H. Huang

灌木或小乔木，高达 12m。叶互生或聚生枝顶呈轮生状，长圆形或椭圆形。伞形花序 2~3 个集生叶腋，花被裂片 4。果近球形。花期 3~4 月，果期 8~9 月。生于山地林中。

美丽新木姜子 新木姜子属

Neolitsea pulchella (Meisn.) Merr.

小乔木，高 6~8m。叶较小，长 4~6cm，宽 2~3cm，离基三出脉，叶背被褐柔毛。伞形花序腋生，单独或 2~3 个簇生。花被裂片 4。果球形。花期 10~11 月，果期翌年 8~9 月。生于林中。

紫楠 楠属

Phoebe sheareri (Hemsl.) Gamble

大灌木至乔木，高 5~15m。树皮灰白色。叶倒卵形，长 8~27cm，宽 3.5~9cm。圆锥花序；花被片近等大，卵形。果卵形。花期 4~5 月，果期 9~10 月。生于山地阔叶林中。

闽楠 楠属

Phoebe bournei (Hemsl.) Y. C. Yang

大乔木，高达 15~20m。树干通直。叶革质，披针形，长 7~13cm，宽 2~3cm。圆锥花序，花被片卵形。果椭圆形或长圆形。花期 4 月，果期 10~11 月。生于山地沟谷阔叶林中。

檫木 檫木属

Sassafras tzumu (Hemsl.) Hemsl.

落叶乔木。叶互生，聚集于枝顶，卵形，长 9~18cm，宽 6~10cm。花序顶生，花先叶开放，黄色，雌雄异株。果近球形。花期 3~4 月，果期 5~9 月。常生于疏林或密林中。

（三十五）金粟兰科 Chloranthaceae

宽叶金粟兰

金粟兰属

Chloranthus henryi Hemsl.

多年生草本，高 40~65cm，单生或数个丛生。叶对生，通常 4 片生于茎上部。花白色。核果球形。花期 4~6 月，果期 7~8 月。生于山坡林下阴湿地或路边灌丛中。

及己

金粟兰属

Chloranthus serratus (Thunb.) Roem. & Schult.

多年生草本，高 15~50cm。叶 4~6 片聚生枝顶，椭圆形，两面无毛。穗状花序顶生，偶有腋生，花白色。核果近球形。花期 4~5 月，果期 6~8 月。生于林下阴湿处或溪旁。

草珊瑚

草珊瑚属

Sarcandra glabra (Thunb.) Nakai

亚灌木，高 50~120cm。叶革质，椭圆形，长 6~17cm，边缘具圆齿状锯齿。穗状花序顶生，花白色。果球形。花期 6 月，果期 8~10 月。生于山坡林下。

（三十六）菖蒲科 Acoraceae

金钱蒲（石菖蒲）

菖蒲属

Acorus gramineus Soland.

多年生草本，高 20~30cm。叶不具中肋，叶厚，宽 2~5mm，线形。肉穗花序黄绿色，圆柱形。果黄绿色，果序粗达 1cm。花期 5~6 月，果期 7~8 月。生于水旁湿地或石上。

（三十七） 天南星科 Araceae

海芋 海芋属

Alocasia odora (Roxb.) K. Koch

大型草本。叶盾状着生，箭状卵形。佛焰苞管喉部闭合；肉穗花序顶端有附属体；雄蕊合生。浆果卵状。花期 3~7 月，果期 6~10 月。生于山坡或沟谷林下。

天南星 天南星属

Arisaema heterophyllum Blume

草本。块茎扁球形。叶片鸟足状分裂，裂片 13~19。佛焰苞管部圆柱形，檐部下弯成盔状。浆果圆柱形。花期 4~5 月，果期 7~9 月。生于林下、灌丛或草地。

南蛇棒 磨芋属

Amorphophallus dunnii Tutcher

多年生草本。叶片 3 全裂，裂片二歧分裂。肉块茎扁球形。穗花序短于佛焰苞，附属体绿色或黄白色；花序单生。浆果蓝色。花期 3~4 月，果期 7~8 月。生于林下。

野芋（滇南芋） 芋属

Colocasia antiquorum Schott

湿生草本。具球形块茎。叶片薄革质，盾状卵形；叶柄常紫色。肉穗花序顶端附属体长 4~8cm。果包藏于佛焰苞内，白色。花期 5~9 月。生于林下阴湿处。

浮萍

浮萍属

Lemna minor L.

飘浮植物。叶状体对称，上面绿色，近圆形，倒卵形或倒卵状椭圆形。雌花具弯生胚珠 1 枚，果实无翅，近陀螺状。花果期夏季。生于水田或水塘中。

紫萍

紫萍属

Spirodela polyrhiza (L.) Schleid.

浮水小草本。叶状体扁平，阔倒卵形，上面绿色，下面紫色；下面中央生 5~11 条根。花单性，雌雄同株。生于水沟或水田中。

半夏

半夏属

Pinellia ternata (Thunb.) Breitenb.

多年生草本。块茎圆球形。幼苗叶为单叶，叶片卵状心形至戟形。肉穗花序，佛焰苞绿色。浆果卵圆形。花期 5~7 月，果期 8 月。常见于草坡、荒地、田边。

犁头尖

犁头尖属

Typhonium blumei Nicolson & Sivadasan

多年生草本。叶戟状三角形。花序从叶腋抽出，佛焰苞檐部卷成长角状，紫色。花期 4~8 月，果期 6~10 月。生于地边、田头、草坡、石隙中。

（三十八）水鳖科 Hydrocharitaceae

黑藻 黑藻属

Hydrilla verticillata (L. f.) Royle

直立沉水草。叶 3~8 枚轮生，线形，长 7~17mm，宽 1~1.8mm，边缘有齿。花单性；苞片内仅 1 花。果圆柱形。花果期 5~10 月。生于淡水中。

龙舌草 水车前属

Ottelia alismoides (L.) Pers.

沉水草本，具须根。叶片因生境条件的不同而形态各异，多为广卵形、卵状椭圆形。花瓣白色、淡紫色。种子纺锤形。花期 4~10 月。生于湖泊、沟渠、水塘、水田。

（三十九）纳西菜科 Nartheciaceae

粉条儿菜 粉条儿菜属

Aletris spicata (Thunb.) Franch.

小草本。植株具多数须根。叶簇生，条形。花莛高 40~70cm，花被黄绿色，上端粉红色，外面有柔毛。蒴果倒卵形。花期 4~5 月，果期 6~7 月。生山坡上、路边或草地上。

（四十）水玉簪科 Burmanniaceae

亭立 水玉簪属

Burmannia wallichii (Miers) Hook. f.

一年生腐生小草本。无基生叶；茎生叶鳞片状，披针状椭圆形。花 1~2 朵顶生，直立而具短梗，翅白色或浅蓝色；子房倒卵形。花期 8 月。

（四十一） 薯蓣科 Dioscorea

黄独

薯蓣属

Dioscorea bulbifera L.

缠绕藤本。叶互生，卵状心形，长 8~15cm，宽 7~14cm；叶腋内有珠芽。雌雄异株。蒴果密被紫色小斑点。花期 7~10 月，果期 8~1 月。生于灌丛、沟谷旁边。

山薯

薯蓣属

Dioscorea fordii Prain & Burkill

缠绕藤本。块茎长圆柱形。单叶，纸质，长 4~17cm，宽 1.5~13cm。雌雄异株，蒴果三棱状扁圆形。花果期 10 月至翌年 4 月。生于山谷林中或灌丛中。

薯莨

薯蓣属

Dioscorea cirrhosa Lour.

缠绕藤本。块茎鲜时断面红色。叶下部互生，中上部对生，卵形，长 5~10cm。雌雄异株。蒴果三棱形。花期 4~7 月，果期 7 月至翌年 1 月。生于灌丛、路旁。

福州薯蓣

薯蓣属

Dioscorea futschauensis Uline ex R. Knuth

缠绕藤本。单叶互生，微革质。花被橙黄色，顶端 6 裂；雌花花被 6 裂。蒴果三棱形。花期 6~7 月，果期 7~10 月。生于林缘、沟谷边或路旁。

日本薯蓣

薯蓣属

Dioscorea japonica Thunb.

缠绕藤本。茎圆柱形，无刺。叶纸质，三角状披针形，长 3~13cm，宽 2~5cm。穗状花序。蒴果。花期 5~10 月，果期 7~11 月。生于向阳山坡、杂木林下或草丛中。

褐苞薯蓣

薯蓣属

Dioscorea persimilis Prain & Burkill

缠绕藤本。叶片卵形、三角形至长椭圆状卵形；叶腋有珠芽。雌花序为穗状花序。蒴果三棱状扁圆形。花期 7~12 月，果期 10 月至翌年 6 月。生于疏林下或灌丛中。

五叶薯蓣

薯蓣属

Dioscorea pentaphylla L.

缠绕藤本。掌状复叶有 3~7 小叶。雄穗状花序排列成圆锥状，长可达 50cm。蒴果为三棱状椭圆形。花期 8~10 月，果期 11 月至翌年 2 月。生于山坡沟边。

薯蓣

薯蓣属

Dioscorea polystachya Turcz.

缠绕藤本。块茎圆柱形；茎常紫红色。叶卵状三角形，常 3 浅裂或深裂。花被片具紫褐色斑点。蒴果不反折。花期 6~9 月，果期 7~11 月。生于林下或路边。常见栽培。

（四十二）露兜树科 Pandanaceae

露兜草　　露兜树属

Pandanus austrosinensis T. L. Wu

多年生常绿大草本。叶带状，长 2~5m，宽 4~5cm，具细齿。雌雄异株；雄花有 5~9 枚雄蕊。聚花果近圆球形。花期 4~5 月。生于林中、溪边或路旁。

（四十三）黑药花科 Melanthiaceae

华重楼（七叶一枝花）　　重楼属

Paris polyphylla Sm. var. *chinensis* (Franch.) H. Hara

草本，高 35~100cm。叶矩圆形、椭圆形或倒卵状披针形。外轮花被片狭卵状披针形，内轮花被片狭条形，通常比外轮长。花期 4~7 月，果期 8~11 月。生于林下阴处或沟谷边的草丛中。

（四十四）秋水仙科 Colchicaceae

万寿竹　　万寿竹属

Disporum cantoniense (Lour.) Merr.

高大草本。茎具多分枝；叶披针形至狭椭圆状披针形，长 5~12cm，宽 1~5cm。花紫色；花被片斜出，倒披针形。浆果。花期 5~7 月，果期 8~10 月。生灌丛中或林下。

（四十五）菝葜科 Smilacaceae

菝葜　　菝葜属

Smilax china L.

攀缘灌木。枝有刺。有卷须。叶卵形或近圆形。伞形花序；花被片 6，花黄绿色。果具粉霜，熟时红色。花期 2~5 月，果期 9~11 月。生于林下、灌丛中、路旁、河谷或山坡上。

柔毛菝葜

菝葜属

Smilax chingii F. T. Wang & Tang

攀缘灌木。叶卵状椭圆形，被棕色或白色短柔毛。雄花外花被片长约 8mm，雌花比雄花略小。浆果熟时红色。花期 3~4 月，果期 11~12 月。生于林下、灌丛中或山坡、河谷阴处。

长托菝葜

菝葜属

Smilax ferox Wall. ex Kunth

攀缘灌木。枝具丛棱，生疏刺。叶椭圆形，长 3~16cm，宽 2~9cm。伞形花序；花黄绿色。浆果红色。花期 3~4 月，果期 10~11 月。生于林下、灌丛中或山坡荫蔽处。

小果菝葜

菝葜属

Smilax davidiana A. DC.

攀缘灌木。茎长 1~2m。叶椭圆形；叶柄较短，具鞘，有细卷须。伞形花序，花黄绿色。浆果红色。花期 3~4 月，果期 10~11 月。生于林下、灌丛中或山坡、路边阴处。

土茯苓

菝葜属

Smilax glabra Roxb.

攀缘灌木。根状茎粗厚，块状。枝无刺。叶椭圆状披针形。伞形花序；花绿白色。浆果具粉霜，熟时紫黑色。花期 7~11 月，果期 11 月至翌年 4 月。生于疏林中、灌丛或山谷中。

肖菝葜

菝葜属

Smilax japonica (Kunth) P. Li & C. X. Fu

攀缘灌木。小枝有钝棱。叶长 6~20cm，基部近心形，有卷须和窄鞘。花梗纤细。浆果扁球形，成熟时黑色。花期 6~8 月，果期 7~11 月。生于山坡密林中或路边杂木林下。

折枝菝葜

菝葜属

Smilax lanceifolia Roxb. var. *elongata* (Warburg) F. T. Wang & T. Tang

攀缘灌木。小枝迥折状。叶厚纸质或革质，长披针形。花黄绿色。浆果熟时黑紫色。花期 10 月至翌年 3 月，果期 10 月。生于林下、灌丛中或山坡阴处。

马甲菝葜

菝葜属

Smilax lanceifolia Roxb.

攀缘灌木。茎长 1~2m，枝常无刺。叶长圆状披针形。花黄绿色，雌花小于雄花 1/2，具 6 枚退化雄蕊。浆果。花期 10 月至翌年 3 月，果期 10 月。生于林下、灌丛中或山坡阴处。

暗色菝葜

菝葜属

Smilax lanceifolia var. *opaca* A.DC.

攀缘灌木。无刺。叶通常革质，表面有光泽。花黄绿色。浆果熟时黑色。花期 9~11 月，果期 11 月至翌年 4 月。生于山坡密林中或路边杂木林下。

大果菝葜　　菝葜属

Smilax megacarpa A. DC.

攀缘灌木。茎可达 10m。枝生疏刺。叶卵形、卵状长圆形。花黄绿色。浆果成熟时深红色。花期 10~12 月，果期翌年 5~6 月。生于林中、灌丛下或山坡荫蔽处。

牛尾菜　　菝葜属

Smilax riparia A. DC.

多年生草质藤本。茎中空。叶形变化较大，长 7~15cm；有卷须。伞形花序；雌花比雄花略小。浆果。花期 6~7 月，果期 10 月。生于林下、灌丛中、路旁、河谷或山坡上。

（四十六）百合科 Liliaceae

野百合（淡紫百合）　　百合属

Lilium brownii F. E. Brown ex Miellez

草本。鳞茎球形。叶散生，披针形。花喇叭形，乳白色，外面稍带紫色，无斑点。蒴果矩圆形。花期 5~6 月，果期 9~10 月。生于山坡、灌木林下、路边或石缝中。

（四十七）兰科 Orchidaceae

齿瓣石豆兰　　石豆兰属

Bulbophyllum levinei Schltr.

草本。根状茎纤细，匍匐生根。假鳞茎在根状茎上聚生，近圆柱形或瓶状。叶狭长圆形。花膜质，白色带紫色。花期 5~8 月。生于山地林中树干上或沟谷岩石上。

乐昌虾脊兰
虾脊兰属

Calanthe lechangensis Z. H. Tsi & T. Tang

草本。根状茎不明显。假鳞茎粗短。叶宽椭圆形。总状花序长 3~4cm，疏生 4~5 朵花；花浅红色，唇瓣倒卵状圆形。花期 3~4 月。生于林缘边。

建兰
兰属

Cymbidium ensifolium (L.) Sw.

地生草本。叶 2~6 枚，带形，长 30~60cm，宽 1~2.5cm。总状花序具 3~13 朵，花浅黄绿色带紫斑，唇瓣近卵形，有香气。蒴果。花期 8~10 月。生于疏林下、山谷旁或草丛中。

流苏贝母兰
贝母兰属

Coelogyne fimbriata Lindl.

附生草本。叶长圆形，先端急尖。花瓣丝状披针形；唇瓣 3 裂，具红色斑纹，中裂片边缘有流苏。蒴果倒卵形。花期 8~11 月，果期翌年 4~8 月。生于溪旁岩石上或林中、林缘树干上。

兔耳兰
兰属

Cymbidium lancifolium Hook.

半附生草本。半附生植物。叶倒披针状长圆形，先端渐尖。花白色至淡绿色，花瓣上有紫栗色中脉，唇瓣上有紫栗色斑。蒴果狭椭圆形。花期 5~8 月。生于林下。

重唇石斛 石斛属

Dendrobium hercoglossum Rchb. f.

草本。茎下垂，圆柱形。叶狭长圆形或长圆状披针形。花萼片和花瓣淡粉红色；唇瓣白色；药帽紫色。花期 5~6 月。生于山地密林中树干上和山谷湿润岩石上。

足茎毛兰 毛兰属

Eria coronaria (Lindl.) Rchb. f.

附生草本。假鳞茎圆柱形。有 2 片叶，叶长圆形，长 6~16cm，宽 1~4cm。花白色，唇瓣有紫色斑纹。蒴果圆柱形。花期 5~6 月。生于林中树干上或岩石上。

半柱毛兰 毛兰属

Eria corneri Rchb. f.

附生草本。假鳞茎卵状长圆形，具四棱。叶椭圆状披针形。有花 10 余朵，花淡黄色。蒴果倒卵状圆柱状。花果期 8~12 月。生于林中树上或林下岩石上。

多叶斑叶兰 斑叶兰属

Goodyera foliosa (Lindl.) Benth. ex C . B. Clarke

草本。叶卵形或长圆形，长 2.5~7cm，宽 1.6~2.5cm，叶面深绿色。总状花序多朵，花半张开，白色带粉红色；侧萼片不张开，萼片背面被毛。生于林下或沟谷阴湿处。

镰翅羊耳蒜

羊耳蒜属

Liparis bootanensis Griff.

附生草本。假鳞茎密集卵形，顶生叶 1 枚。叶倒披针形。总状花序外弯或下垂，具数朵至 20 余花，花黄绿色。蒴果。花期 8~10 月，果期翌年 3~5 月。生于阴湿石壁上。

黄花鹤顶兰

鹤顶兰属

Phaius flavus (Blume) Lindl.

草本。假鳞茎卵状圆锥形，长 5~6cm，直径 2.5~4cm。叶长椭圆形，通常具黄色斑块。总状花序具数朵至 20 朵花；花黄色。花期 4~10 月。生于山坡灌丛中。

见血青（见血清）

羊耳蒜属

Liparis nervosa (Thunb.) Lindl.

地生草本。茎肉质圆柱形。叶卵形，长 5~11cm，宽 3~8cm。总状花序；花紫色。蒴果倒卵状长圆形。花期 2~7 月，果期 10 月。生于林下、溪谷旁或岩石覆土上。

鹤顶兰

鹤顶兰属

Phaius tancarvilleae (L'Hér.) Blume

地生草本。假鳞茎圆锥形。叶 2~6 枚，长圆形。花茎长达 1m；花大，美丽，唇瓣背面白色带茄紫色前端。蒴果。花期 3~6 月。生于林缘、沟谷处或溪边阴湿处。

石仙桃

石仙桃属

Pholidota chinensis Lindl.

草本。根状茎通常较粗壮。叶倒卵状椭圆形，长 5~22cm，宽 2~6cm。总状花序；花白色或带浅黄色。蒴果。花期 4~5 月，果期 9 月至翌年 1 月。生于林中或林缘树上、岩壁上。

白肋菱兰（白肋翻唇兰）

菱兰属

Rhomboda tokioi (Fukuy.) Ormerod

草本，高 10~25cm。叶偏斜的卵形，长 3~9cm，宽 1.5~4cm，沿中肋具 1 条白色条纹。花苞片卵状披针形；花小，红褐色，半张开。生于林下或沟谷阴湿处。

小片菱兰（翻唇兰）

菱兰属

Rhomboda abbreviata (Lindl.) Ormerod

草本，高 20~30cm。根状茎伸长，匍匐。叶片卵形或卵状披针形。花小，白色或淡红色；花瓣为宽的半卵形。花期 8~9 月。生于山坡或沟谷密林下阴处。

带唇兰

带唇兰属

Tainia dunnii Rolfe

地生草本。假鳞茎暗紫色。叶椭圆状披针形，长 12~35cm，宽 0.6~4cm。花茎长 30~60cm，总状花序，花黄褐色，唇瓣前部 3 裂并具 3 条褶片。花期 3~4 月。生于林下。

（四十八） 鸢尾科 Iridaceae

蝴蝶花 鸢尾属

Iris japonica Thunb.

多年生草本。叶基生，剑形。花淡蓝色或蓝紫色。蒴果椭圆状卵圆形。花期 3~4 月，果期 5~6 月。生于草地、疏林下或林缘草地。

黄花菜 萱草属

Hemerocallis citrina Baroni

草本，植株一般较高大。根近肉质，中下部常有纺锤状膨大。叶 7~20 枚。花被淡黄色。蒴果。花果期 5~9 月。生于山坡、山谷、荒地或林缘。常见栽培。

（四十九） 日光兰科 Orchidaceae

山菅（山菅兰） 山菅兰属

Dianella ensifolia (L.) DC.

草本。叶狭条状披针形，长 30~80cm，宽 1~2.5cm。叶鞘套叠。花绿白色、淡黄色至青紫色。浆果球形，熟时蓝色。花果期 3~8 月。生于林下、山坡或草丛中。

萱草 萱草属

Hemerocallis fulva (L.) L.

多年生草本。根近肉质，中下部有纺锤状膨大。叶线形，长 50~90cm。花橘红色或橘黄色；花被管较粗短。蒴果椭圆形。花果期为 5~7 月。全国常见栽培，秦岭以南有野生。

（五十）石蒜科 Amaryllidaceae

忽地笑

石蒜属

Lycoris aurea (L'H é r.) Herb.

多年生草本。鳞茎卵形。秋季出叶，叶剑形。伞形花序，花黄色；花被裂片倒披针形，强度反卷和皱缩。蒴果具三棱。花期 8~9 月，果期 10 月。生于阴湿山坡。常见庭园栽培。

石蒜

石蒜属

Lycoris radiata (L'H é r.) Herb.

多年生草本。鳞茎近球形。秋季出叶，叶狭带状。花鲜红色；花被裂片狭倒披针形，强度皱缩和反卷。花期 8~9 月，果期 10 月。野生于阴湿山坡和溪沟边的石缝处。常见庭园栽培。

（五十一）天门冬科 Asparagaceae

天门冬

天门冬属

Asparagus cochinchinensis (Lour.) Merr.

攀缘状亚灌木。叶状枝线形或因中脉凸起而略呈三棱形，镰状弯曲。花单性；花被片淡绿色。浆果熟时红色。花期 5~6 月，果期 8~10 月。生于山坡、路旁、疏林下。

流苏蜘蛛抱蛋

蜘蛛抱蛋属

Aspidistra fimbriata F. T. Wang & K. Y. Lang

草本。叶单生，矩圆状披针形。花被钟形，外面具紫色细点，内面有 4 条裂成流苏状的肉质的脊状隆起；柱头盾状膨大，圆形。花期 11~12 月。生于山谷密林下的岩石上。

禾叶山麦冬

山麦冬属

Liriope graminifolia (L.) Baker

草本。叶基生，线形，长 20~60cm。花白色或淡紫色。果实卵圆形或近球形，成熟时蓝黑色。花期 6~8 月，果期 9~11 月。生于山坡、山谷林下、灌丛中或山沟阴处。

麦冬

沿阶草属

Ophiopogon japonicus (L. f.) Ker Gawl.

多年生草本。根较粗；节上具膜质的鞘。叶基生成丛，禾叶状，边缘具细锯齿。总状花序，花白色或淡紫色。种子球形。花期 5~8 月，果期 8~9 月。生于山坡阴湿处、林下或溪旁。

山麦冬

山麦冬属

Liriope spicata (Thunb.) Lour.

草本。叶基生，线形，宽 2~4mm，具细锯齿。总状花序；花淡紫色或淡蓝色。果熟前形裂，露出浆果状种子。花期 5~7 月，果期 8~10 月。生于山坡、山谷林下、路旁。亦见栽培。

宽叶沿阶草

沿阶草属

Ophiopogon platyphyllus Merr. & Chun

多年生草本。根粗壮，木质化，中空。茎短，形如根状茎。叶丛生，条状披针形。花白色；花丝很短。种子矩圆形，长 11mm，宽 5mm。花期 5~6 月。生于林下、溪边或路边。

多花黄精

黄精属

Polygonatum cyrtonema Hua

草本。根状茎粗大，念珠状，直径达 2cm。叶茎生，长椭圆形，宽 2~7cm。伞形花序；花被片黄绿色。浆果黑色。花期 5~6 月，果期 8~10 月。生于林下、灌丛或山坡阴处。

（五十二）棕榈科 Arecaceae

蒲葵

蒲葵属

Livistona chinensis (Jacq.) R. Br. ex Mart.

乔木状草本。叶阔肾状扇形，掌状裂达中部，裂片线状披针形，丝状下垂。花序呈圆锥状；花小，两性。果实椭圆形，长 1.8~2cm。花果期 4 月。常见栽培。

（五十三）鸭跖草科 Commelinaceae

饭包草

鸭跖草属

Commelina benghalensis L.

多年生披散草本。茎大部分匍匐，节上生根。叶卵形，长 3~7cm，具叶柄。总苞片下缘合生；花瓣蓝色，圆形。蒴果椭圆状，长 4~6mm。花期夏秋季。生于湿地。

鸭跖草

鸭跖草属

Commelina communis L.

一年生草本。茎匍匐生根，长可达 1m。叶披针形。蝎尾状聚伞花序顶生；总苞片心形；花瓣深蓝色；内面 2 枚具爪。蒴果 2 爿裂。花期夏季。生于湿地、田边。

竹节菜

鸭跖草属

Commelina diffusa N. L. Burm.

一年生披散草本。叶披针形，叶鞘上常有红色小斑点。蝎尾状聚伞花序；总苞片折叠状；花瓣蓝色。蒴果。花果期 5~11 月。生于灌丛中、溪边、旷野。

蛛丝毛蓝耳草

蓝耳草属

Cyanotis arachnoidea C. B. Clarke

多年生草本。主茎上的叶丛生，禾叶状或带状。花瓣蓝紫色、蓝色或白色；花丝被蓝色蛛丝状毛。种子灰褐色。花期 6~9，果期 10 月。生于溪边、山谷及湿润岩石上。

大苞鸭跖草

鸭跖草属

Commelina paludosa Blume

多年生粗壮草本。叶片披针形至卵状披针形。总苞片大，长达 2cm；蝎尾状聚伞花序；花瓣蓝色。蒴果。花期 8~10 月，果期 10 月至翌年 4 月。生于林下或山谷内。

聚花草

聚花草属

Floscopa scandens Lour.

直立草本。叶椭圆形至披针形，长 4~12cm。花聚生于茎端，圆锥花序；花瓣蓝色或紫色，少白色。蒴果卵圆形，侧扁。花果期 7~11 月。生于水边、山沟边草地及林中。

大苞水竹叶

水竹叶属

Murdannia bracteata (C. B. Clarke) Kuntze ex J. K. Morton

多年生草本。叶剑形，长 20~30cm，宽 1.2~1.8cm。聚伞花序，苞片圆形，长 5~7mm，花瓣蓝色。蒴果宽椭圆状三棱形。花果期 5~11 月。生于山谷水边或溪边沙地上。

裸花水竹叶

水竹叶属

Murdannia nudiflora (L.) Brenan

多年生草本。叶片禾叶状或披针形，长 2.5~10cm，宽 5~10mm。蝎尾状聚伞花序数个，排成顶生圆锥花序；花瓣紫色。蒴果卵圆状三棱形。花果期 6~10 月。生于水边湿地。

牛轭草

水竹叶属

Murdannia loriformis (Hassk.) R. S. Rao & Kammathy

多年生草本。主茎不发育，有莲座状叶丛，多条可育茎从叶丛中发出。花瓣紫红色。蒴果卵圆状三棱形。花果期 5~10 月。生于山谷溪边或山坡草地。

细竹篙草

水竹叶属

Murdannia simplex (Vahl) Brenan

多年生草本，全体近无毛。有丛生而长的叶。花瓣紫色；能育雄蕊 2 枚，退化雄蕊 3 枚，花丝被长须毛。蒴果卵圆状三棱形。花期 4~9 月。生于沼泽地或湿润草地。

（袁华炳）

杜若

杜若属

Pollia japonica Thunb.

多年生草本。叶片长椭圆形，叶背无毛，近无叶柄。花瓣白色，倒卵状匙形，能育雄蕊6枚。果球状，黑色。花期7~9月，果期9~10月。生于山谷林下。

长柄杜若

杜若属

Pollia siamensis (Craib) Faden ex D. Y. Hong

多年生草本。叶片椭圆形，无毛；叶柄长2~4cm。圆锥花序单枝顶生；花瓣白色，卵状椭圆形，舟状浅凹；能育雄蕊3枚。花期4~8月，果期8月以后。生于山谷林下或湿润砂土。

（五十四）雨久花科 Pontederiaceae

凤眼蓝（凤眼莲）

凤眼蓝属

Eichhornia crassipes (Mart.) Solms

多年生浮水草本。叶莲座状排列，圆形；叶柄近基部膨大成气囊。花淡紫红色，中间蓝色，有1黄色圆斑。花期7~10月，果期8~11月。原产巴西。生于水塘、沟渠及稻田中。

鸭舌草

雨久花属

Monochoria vaginalis (Burm. f.) C. Presl ex Kunth

多年生水生草本，高12~35cm。叶披针形，长2~6cm，宽1~4cm。总状花序；花蓝色。蒴果卵圆形。花期8~9月，果期9~10月。生于稻田、沟旁、浅水池塘等水湿处。

（五十五） 芭蕉科 Musaceae

野蕉 芭蕉属

Musa balbisiana Colla

直立草本，高约6m。假茎丛生。叶片卵状长圆形，长约2.9m，宽约90cm。花序半下垂，花被片淡紫色及乳白色。浆果；种子扁球形。生于沟谷坡地的湿润常绿林中。

（五十六） 闭鞘姜科 Costaceae

闭鞘姜 闭鞘姜属

Costus speciosus (J. Koenig.) Sm.

草本。叶鞘闭合；叶螺旋状排列，叶背密被绢毛。穗状花序从茎端生出；花冠裂片白色或顶部红色。蒴果。花期7~9月，果期9~11月。生于疏林下、山谷阴湿地等处。

（五十七） 姜科 Zingiberaceae

狭叶山姜 山姜属

Alpinia graminifolia D. Fang & J. Y. Luo

草本。茎丛生。叶片线形，长10~48cm，宽0.3~1.5cm，顶端长渐尖。总状花序直立；花黄色，花萼3齿裂，唇瓣卵形，有腺点。花期5~6月。生于山谷林下。

山姜 山姜属

Alpinia japonica (Tunb.) Miq.

草本。叶披针形，长25~40cm，宽4~7cm，两面被短柔毛。总状花序顶生，花冠裂片长圆形，唇瓣白色而具红色脉纹。果球形，被短柔毛。花期4~8月，果期7~12月。生于林下阴湿处。

华山姜　　山姜属

Alpinia oblongifolia Hayata

草本。叶披针形或卵状披针形，长 20~30cm，宽 3~10cm，无毛。圆锥花序；花白色，萼管状。果球形，成熟时红色。花期 5~7 月，果期 6~12 月。生于林下。

舞花姜　　舞花姜属

Globba racemosa Sm.

草本。根状茎球形。叶长圆形或卵状披针形，长 12~20cm，宽 4~5cm。花黄色，各部均具橙色腺点；花萼管漏斗形。蒴果椭圆形。花期 6~9 月。生于林下阴湿处。

广西莪术　　姜黄属

Curcuma kwangsiensis S. G. Lee & C. F. Liang

草本。根茎卵球形。叶基生，椭圆状披针形。穗状花序，上部苞片长圆形，淡红色，花生于苞片腋内，唇瓣近圆形，淡黄色。花期 5~7 月。栽培或野生于山坡草地及灌木丛中。

匙苞姜　　姜属

Zingiber cochleariforme D. Fang

草本，高 0.7~2m。叶面无毛，密被紫褐色腺点，叶背疏被贴伏的长柔毛和腺点。穗状花序；苞片紫色或白色，楔状匙形至长圆形；花萼淡黄色；花冠黄白色。蒴果成熟时红色。

蘘荷

姜属

Zingiber mioga (Thunb.) Roscoe

草本，高 0.5~1m。叶片披针状椭圆形。花冠管淡黄色。果倒卵形，果皮里面鲜红色；种子黑色，被白色假种皮。花期 8~10 月。生于山谷中阴湿处。

东方香蒲

香蒲属

Typha orientalis C. Presl

多年生水生草本。地上茎粗壮。叶片条形。雄花通常由 3 枚雄蕊组成；雌花无小苞片。小坚果椭圆形；种子褐色。花果期 5~8 月。生于湖泊、河流、池塘浅水处。

（五十八） 香蒲科 Typhaceae

水烛

香蒲属

Typha angustifolia L.

多年生水生草本。地上茎直立。叶片长 54~120cm。雄花序轴具褐色扁柔毛；雌花序长 15~30cm。小坚果长椭圆形。花果期 6~9 月。生于湖泊、河流、池塘浅水处。

（五十九） 灯心草科 Juncaceae

灯心草（灯芯草）

灯心草属

Juncus effusus L.

多年生草本。叶片退化，仅具叶鞘包围茎基部，基部红褐色至黑褐色。聚伞花序假侧生；花淡绿色。蒴果长圆形。花期 4~7 月，果期 6~9 月。生于河边、池旁、水沟、草地及沼泽湿处。

笄石菖（江南灯心草） 灯心草属

Juncus prismatocarpus R. Br.

多年生草本。茎丛生，圆柱形。叶线形，扁平。头状花序顶生组成聚伞花序；花被片绿色或淡红褐色。蒴果。花期3~6月，果期7~8月。生于田地、溪边、路旁沟边、湿地。

浆果薹草（浆果苔草） 薹草属

Carex baccans Nees

草本。茎中生。茎生叶发达，枝先出、囊状。圆锥花序复出；总苞片叶状；花两性，小穗雄雌顺序。果囊成熟时红色，有光泽。花果期8~12月。生于林边、河边及村边。

（六十） 莎草科 Cyperaceae

广东薹草（大叶苔草） 薹草属

Carex adrienii E. G. Camus

多年生草本。根状茎近木质。叶片狭椭圆形。圆锥花序复出；小穗20个或较少；雄花部分长于雌花部分。小坚果卵形。花果期5~6月。生于林下、水旁或阴湿地。

褐果薹草（粟褐苔草） 薹草属

Carex brunnea Thunb.

草本。根状茎短，无地下匍匐茎。叶长于或短于秆，宽2~3mm。小穗几个至10几个。小坚果紧包于果囊内，近圆形，扁双凸状，黄褐色。生于山坡、疏林下或灌木丛中等。

中华薹草（中华苔草） 薹草属

Carex chinensis Retz.

草本。根状茎短。叶长于秆，宽 3~9mm。侧生小穗雌性，顶端和基部常具几朵雄花。小坚果紧包于果囊中。花果期 4~6 月。生于山谷阴处、溪边岩石上和草丛中。

十字薹草（十字苔草） 薹草属

Carex cruciata Wahl.

草本。叶基生和秆生，扁平，边缘具短刺毛。圆锥花序复出，花两性，雄雌顺序。小坚果卵状椭圆形。花果期 5~11 月。生于林边或沟边草地、路旁、火烧迹地。

隐穗薹草（茅叶苔草） 薹草属

Carex cryptostachys Brongn.

草本。叶长于秆，宽 6~15mm，两面平滑，边缘粗糙。小穗 6~10 个，雄雌顺序，花疏生，两性。小坚果三棱状菱形。冬季开花，翌年春季结果。生于密林下湿处、溪边。

签草（芒尖苔草） 薹草属

Carex doniana Spreng.

草本。具细长的地下匍匐茎。叶稍长或近等长于秆。小穗 3~6 个，雄小穗顶生；雌小穗侧生。小坚果稍松地包于果囊内。花果期 4~10 月。生于溪边、沟边和草丛中潮湿处等。

穹隆薹草（隆凸苔草）

薹草属

Carex gibba Wahlenb.

草本。根状茎短，木质。叶宽 3~4mm，平张，柔软。小穗卵形或长圆形，雌雄顺序，花密生。小坚果紧包于果囊中。花果期 4~8 月。生于山谷湿地、山坡草地或林下。

狭穗薹草（珠穗苔草）

薹草属

Carex ischnostachya steud.

草本。根状茎粗短，木质。叶稍短或近等长于秆。小穗 4~5 个，上面 3~4 个常聚集在秆的上端。花果期 4~5 月。生于山坡路旁草丛中或水边。

长囊薹草（长囊苔草）

薹草属

Carex harlandii Boott

草本。不育叶长于秆，宽 10~22mm。小穗 3~4 个，侧生小穗大部分为雌花，顶端有少数雄花。小坚果紧包于果囊中。花果期 4~7 月。生于林下、溪边湿地或岩石上，以及山坡草地。

弯柄薹草（红苞苔草）

薹草属

Carex manca Boott ex Benth.

草本。根状茎粗短，木质。秆侧生。不育的叶长于秆，宽 6~10mm。小穗 2~3 个，彼此远离，顶生 1 个雄性，侧生小穗雌性。小坚果紧包于果囊中，三棱状。

条穗薹草（条穗苔草）

薹草属

Carex nemostachys Steud.

草本。根状茎粗短，木质，具地下匍匐茎。叶长于秆，宽 6~8mm。小穗 5~8 个，顶生小穗为雄小穗；其余小穗为雌小穗。坚果较松地包于果囊内，三棱形。花果期 9~12 月。

根花薹草（根状茎花苔草）

薹草属

Carex radiciflora Dunn

草本。秆极短。叶长 25~70cm，宽 1.4~2cm，基部具纤维状老叶鞘。小穗 3~6 个基生，彼此极靠近。果囊卵状披针形；小坚果椭圆形，三棱状。

镜子薹草（镜子苔草）

薹草属

Carex phacota Spreng.

草本。根状茎短。秆丛生，高 20~75cm。叶与秆近等长，宽 3~5mm。小穗 3~5 个，稀少顶部有少数雌花。小坚果近圆形。花果期 3~5 月。生于沟边草丛中、水边和路旁潮湿处。

花莛薹草（花莛苔草）

薹草属

Carex scaposa C. B. Clarke

草本。叶基生和秆生；叶狭椭圆形、椭圆形，长 10~35cm，宽 2~5cm。圆锥花序复出，小穗雄花短于雌花。小坚果椭圆形，成熟时褐色。 花果期 5~11 月。

长柱头薹草（细梗苔草） 薹草属

Carex teinogyna Boott

草本。秆密丛生。叶宽2.5~3mm，具沟。小穗线形，雄雌顺序，雄花部分较雌花部分短很多。小坚果椭圆形。花果期9~12月。生于山谷疏林下、溪旁、水沟边潮湿处等。

砖子苗 莎草属

Cyperus cyperoides (L.) Kuntze

草本。秆较粗壮。叶下部常折合。长侧枝聚伞花序简单；每伞梗顶端1个穗状花序，穗状花序圆柱形。小坚果狭长圆形。花果期5~6月。生于河边湿地灌木丛或草丛中。

扁穗莎草 莎草属

Cyperus compressus L.

丛生草本。秆稍纤细，高5~25cm，锐三棱形，基部较多叶。穗状花序轴短，具3~10个小穗。小坚果表面具细点。花果期7~12月。多生于空旷的田野里。

异型莎草 莎草属

Cyperus difformis L.

一年生草本。长侧枝聚伞花序疏展，有长短不等伞梗；小穗多数，放射状排列；鳞片顶端短直；雄蕊1~2枚。小坚果淡黄色。花果期7~10月。常生于稻田中或水边潮湿处。

多脉莎草 莎草属

Cyperus diffusus Vahl

一年生草本。叶片一般较宽，最宽达 2cm，粗糙。长侧枝聚伞花序多次复出；小穗数目较多，轴具狭翅。小坚果深褐色。花果期 6~9 月。生于山坡草丛中或河边潮湿处。

畦畔莎草（软垂莎草） 莎草属

Cyperus haspan L.

多年生草本，高 10~40cm。叶短，2~3 片。长侧枝聚伞花序复出，8~12 伞梗；小穗多数。坚果具疣状小突起。花果期较长，因地而异。生于水田、浅水塘等地，山坡上亦能见到。

高秆莎草 莎草属

Cyperus exaltatus Retz.

草本。根状茎短，具许多须根。秆粗壮，基部生较多叶。长侧枝聚伞花序复出或多次复出；小穗近于二列。小坚果倒卵形或椭圆形。花果期 6~8 月。

碎米莎草 莎草属

Cyperus iria L.

一年生草本。叶少数。长侧枝聚伞花序复出；穗状花序轴伸长，小穗长 3~10mm，小穗轴无翅。坚果具密的微突起细点。花果期 6~10 月。常见，生于田间、山坡、路旁阴湿处。

毛轴莎草 莎草属

Cyperus pilosus Vahl

草本。秆散生，锐三棱形。叶短于秆，宽 6~8mm。穗状花序轴上被黄色粗硬毛；小穗二列，线状披针形。小坚果宽椭圆形。花果期 8~11 月。多生于水田边、河边潮湿处。

夏飘拂草 飘拂草属

Fimbristylis aestivalis (Retz.) Vahl.

草本。无根状茎。秆密丛生，基部具少数叶。叶短于秆，宽 0.5~1mm，丝状。长侧枝聚伞花序复出。小坚果倒卵形。花期 5~8 月。生于荒草地、沼地以及稻田中。

香附子 莎草属

Cyperus rotundus L.

多年生草本。叶片多而长。长侧枝聚伞花序简单或复出，穗状花序轮廓为陀螺形；小穗少数，压扁。小坚果长圆状倒卵形。花果期 5~11 月。生于山坡荒地或水边潮湿处。

复序飘拂草 飘拂草属

Fimbristylis bisumbellata (Forssk.) Bubani

一年生草本。叶短于秆，叶鞘具绣色斑纹，被毛。长侧枝聚伞花序复出，具 4~10 个辐射枝。小坚果宽倒卵形。花果期 7~9 月。生于河边、沟旁、山溪边、沙地或沼地。

扁鞘飘拂草

飘拂草属

Fimbristylis complanata (Retz.) Link

草本。根状茎直伸，有时近于横生。叶短于秆。长侧枝聚伞花序大，多次复出，具 3~4 个辐射枝。小坚果倒卵形。花果期 7~10 月。生于山谷潮湿处、草地、山径旁和小溪旁。

两歧飘拂草

飘拂草属

Fimbristylis dichotoma (L.) Vahl

多年生草本，高 10~40cm。叶短，2~3 片。长侧枝聚伞花序复出，8~12 伞梗；小穗多数。坚果具疣状小突起。花果期较长，因地而异。生于水田、浅水塘等地，山坡上亦能见到。

矮扁鞘飘拂草

飘拂草属

Fimbristylis complanata (Retz.) Link var. *exaltata* (T. Koyama) Y. C. Tang ex S. R. Zhang & T. Koyama

草本。根状茎较细，有时很短。秆亦较细，高 20~50cm。叶宽 1~2.5mm。长侧枝聚伞花序近于简单或复出。花果期 7~10 月。生于山谷潮湿处、草地、山径旁和小溪旁。

拟二叶飘拂草

飘拂草属

Fimbristylis diphylloides Makino

草本。无根状茎或具很短根状茎；秆丛生。叶短于或几等长于秆，顶端急尖，边缘具疏细齿。小穗单生于辐射枝顶端。花果期 6~9 月。生于稻田埂上、溪旁、山沟潮湿地等。

水虱草

飘拂草属

Fimbristylis littoralis Gamdich

草本。叶侧扁，套褶。苞片2~4枚，刚毛状；小穗单生于辐射枝顶端，近球形。小坚果长1mm，具疣状突起和网纹。花果期夏秋季。生于潮湿草地上。

畦畔飘拂草

飘拂草属

Fimbristylis squarrosa Vahl

多年生草本。秆密丛生，细且矮小。叶短于秆，两面被毛。长侧枝简单；3~6小穗，长圆形。小坚果倒卵形，双凸状。花果期9月。生于潮湿草地。

五棱秆飘拂草（五棱飘拂草）

飘拂草属

Fimbristylis quinquangularis (Vahl) Kunth

多年生草本。叶片多而长。长侧枝聚伞花序简单或复出，穗状花序轮廓为陀螺形；小穗少数，压扁。小坚果长圆状倒卵形。花果期5~11月。生于山坡荒地或水边潮湿处。

芙兰草

芙兰草属

Fuirena umbellata Rottb.

多年生草本。茎纤细。叶面被短硬毛。小穗上的鳞片螺旋状排列，有多数结实的两性花。小坚果具柄。花果期6~11月。生于湿地草原、河边等处。

黑莎草

黑莎草属

Gahnia tristis Nees

草本。植株基部黑褐色；茎圆柱形。叶有背、腹之分，中脉明显。花序穗状；小穗有1~3能结实的两性花。小坚果骨质。花果期3~12月。生于干燥的荒山坡或灌木丛。

单穗水蜈蚣

水蜈蚣属

Kyllinga nemoralis (J. R. Forster & G. Forster) Dandy ex Hutch.

多年生草本。叶平张，柔弱。穗状花序常1个，具极多数小穗；小穗压扁，具1朵花；鳞片舟状。小坚果较扁，顶端短尖。花果期5~8月。生于山坡林下、沟边及水田旁。

短叶水蜈蚣

水蜈蚣属

Kyllinga brevifolia Rottb.

草本，高5~50cm。根状茎延长。叶片长5~15cm。穗状花序单生，鳞片2行排列，背面的龙骨状凸起有翅。小坚果褐色。花果期5~9月。生于山坡荒地、路旁草丛中。

三头水蜈蚣

水蜈蚣属

Kyllinga triceps Rottb.

草本。根状茎短。秆丛生。叶短于秆，宽2~3mm。小穗排列极密，辐射展开。小坚果长圆形，扁平凸状。花果期夏秋季。生于田边潮湿地。

鳞籽莎

鳞籽莎属

Lepidosperma chinense Nees & Meyen ex Kunth

多年生草本。茎圆柱状，长达 130cm。叶无背、腹之分。花两性；小穗鳞片螺旋状排列。坚果平滑，有光泽。花果期 7~12 月。生于山边、山谷疏阴下。

黑鳞珍珠茅

珍珠茅属

Scleria hookeriana Boeckeler

草本。秆三棱形。叶线形，叶鞘纸质，叶舌半圆形，被紫色髯毛。圆锥花序顶生；雌小穗鳞片色较深。小坚果卵珠形。花果期 5~7 月。生于山坡、沟谷或草丛中。

二花珍珠茅

珍珠茅属

Scleria biflora Roxb.

草本。秆丛生，三棱形。叶秆生，线形。圆锥花序，小穗披针形。小坚果近球形，顶端具白色短尖。花果期 7~10 月。生于山坡路旁、荒地、稻田及山沟中。

毛果珍珠茅

珍珠茅属

Scleria levis Retz.

草本。有匍匐茎。植株各部被短柔毛。叶鞘 1~8cm，纸质。花序圆锥状；小穗 1 或 2 簇生。花盘淡黄色。小坚果白色。花果期 6~10 月。生于干燥处、山坡草地、密林下。

（六十一） 禾本科 Poaceae

看麦娘

看麦娘属

Alopecurus aequalis Sobol.

一年生草本。叶片扁平，长3~10cm，2~6mm。圆锥花序圆柱状；小穗椭圆形或卵状长圆形。花果期4~8月。生于海拔较低之田边及潮湿之地。

水蔗草

水蔗草属

Apluda mutica L.

多年生草本。秆高50~300cm。叶片扁平，长10~35cm。圆锥花序；小穗成对着生；有2朵小花，能育小花具芒。颖果卵形。花果期夏秋季。生于田边、水旁湿地及山坡草丛中。

日本看麦娘

看麦娘属

Alopecurus japonicus Steud.

一年生草本。叶无横脉。圆锥花序穗状。外稃无芒，小穗脱节于颖之下，长5~6cm，两侧压扁；1朵能育小花。颖果半椭圆形。花果期2~5月。生于较低之田边及湿地。

荩草

荩草属

Arthraxon hispidus (Thunb.) Makino

一年生草本。秆细弱，高30~60cm。叶片卵状披针形，长2~4cm。总状花序，2~10枚指状排列或簇生秆顶。颖果长圆形。花果期9~11月。生于山坡草地阴湿处。

毛秆野古草　　野古草属

Arundinella hirta (Thunb.) Tanaka

多年生草本。叶鞘被疣毛，叶舌具长纤毛；叶长15~40cm，宽约10mm，先端长渐尖，两面被疣毛。圆锥花序，外稃无芒，具小尖头。花果期8~10月。生于山坡、路旁或灌丛中。

芦竹　　芦竹属

Arundo donax L.

多年生大草本。秆高3~6m。叶长30~50cm，宽3~5cm。圆锥花序极大型，长30~60cm，宽3~6cm；小穗含2~4小花。颖果细小。花果期9~12月。生于河岸道旁、砂质壤土上。

石芒草　　野古草属

Arundinella nepalensis Trin.

多年生草本。秆高90~190cm，节间上段常具白粉。叶宽1~1.5cm。圆锥花序长圆形，分枝不及9cm；小穗具柄。颖果棕褐色。花果期9~11月。生于山坡草丛中。

地毯草　　地毯草属

Axonopus compressus (Sw.) P. Beauv.

多年生草本，高8~60cm。节密被灰白色柔毛。叶薄，宽6~12mm。总状花序2~5枚；小穗单生，长2.2~2.5mm；柱头白色。生于荒野、路旁较潮湿处。

簕竹 簕竹属

Bambusa blumeana Schult. f.

多年生草本。秆高 15~24m，直径 8~15cm，尾梢下弯。箨环之上下方均环生有一圈灰白色或棕色绢毛。小穗线形，带淡紫色。花期春季。多种植在河流两岸和村落周围。

粉箪竹（粉单竹） 簕竹属

Bambusa chungii McClure

多年生草本。秆直立，顶端微弯曲，高3~18m，直径3~7cm；节间幼时被白色蜡粉，箨环最初有一圈刺毛环。箨耳呈窄带形；末级小枝具 7 叶，线状披针形。多种植在河流两岸和村落周围。

箪竹（细粉单竹） 簕竹属

Bambusa cerosissima McClure

多年生草本。秆直立，梢端作弓形下弯，高 3~7 (15)m，直径 2~5cm；节间长 30~60cm 或更长。叶片长披针形。颖果干燥后呈三角形，未成熟的果皮能变硬。

孝顺竹 簕竹属

Bambusa multiplex (Lour.) Raeusch. ex Schult. & Schult. f.

多年生草本。秆高 4~7m，直径 1.5~2.5cm。叶片线形，长 5~16cm，宽 7~16mm，上面无毛，下面粉绿色而密被短柔毛。小穗含小花 3~13 朵。多种植以作绿篱或供观赏。

观音竹 簕竹属

Bambusa multiplex (Lour.) Raeusch. ex Schult. & Schult. f. var. *riviereorum* R. Maire

石生直立草本。主茎斜升，枝光滑。茎生叶两侧对称，下部叶彼此覆盖；中叶无白边；能育叶一型，相间排列。大孢子白色或褐色，小孢子橘黄色。

青皮竹 簕竹属

Bambusa textilis McClure

多年生草本。秆高 8~10m ，直径 3~5cm，尾梢弯，下部笔直。箨鞘顶端凸拱；箨耳非镰形，宽不达 1cm。叶背绿色，先端具细尖头。小穗有柄。成熟颖果未见。生于河边、村落附近。

撑篙竹 簕竹属

Bambusa pervariabilis McClure

丛生乔木状。秆高 7~10m ，直径 4~5.5cm，尾梢近直立。节间具黄绿色纵条纹。箨耳不相等；箨片易脱落。颖果幼时宽卵球状。多生于河溪两岸及村落附近。

吊丝箪竹 簕竹属

Bambusa variostriata (W. T. Lin) L. C. Chia & H. L. Fung

多年生草本。秆近直立，高 5~12m，直径 4~7cm，幼时梢端弯曲呈钓丝状，成长后则稍伸直。箨鞘脱落性，质地坚韧。末级小枝具 7~12 叶，叶片窄披针形。小穗含 5 或 6 朵成熟小花。

白羊草

孔颖草属

Bothriochloa ischaemum (L.) Keng

多年生草本。叶线形，长 5~16cm，宽 2~3mm。总状花序呈指状或伞房状，长 3~7cm；小穗有 2 朵小花；能育小花具 1 膝曲的芒。花果期秋季。生于山坡草地和荒地。

毛臂形草（玉臂形草）

臂形草属

Brachiaria villosa (Lam.) A. Camus

一年生矮小草本。秆基部倾斜，全体密被柔毛。叶片卵状披针形。圆锥花序由 4~8 枚总状花序组成；小穗卵形，长 2~2.5mm。花果期 7~10 月。生于田野或山坡草地。

四生臂形草

臂形草属

Brachiaria subquadripara (Trin.) Hitchc.

一年生草本。秆高 20~60cm，纤细。叶片披针形至线状披针形。小穗长圆形。花果期 9~11 月。生于丘陵草地、田野、疏林下或沙丘上。

竹节草

金须茅属

Chrysopogon aciculatus (Retz.) Trin.

多年生草本，高 20~50cm。叶片披针形，宽 4~6mm，边缘具小刺毛。圆锥花序只由顶生 3 小穗组成。花果期 6~10 月。生于向阳贫瘠的山坡草地或荒野中。

薏苡

薏苡属

Coix lacryma-jobi L.

一年生粗壮草本。秆高 1~2m。叶片宽 1.5~3cm。总状花序腋生成束；总苞珐琅质，坚硬，有光泽。颖果不饱满。花果期 6~12 月。多生于池塘、河沟、山谷、溪涧等地。

青香茅

香茅属

Cymbopogon mekongensis A. Camus

多年生草本。秆直立，丛生，高 30~80cm。叶片线形，长 10~25cm，宽 2~6mm。伪圆锥花序长 10~20cm。无柄小穗长约 3.5mm，有柄小穗长 3~3.5mm。花果期 7~9 月。生于开旷干旱的草地上。

橘草

香茅属

Cymbopogon goeringii (Steud.) A. Camus

多年生草本。秆直立丛生，高 60~100cm。叶片线形，扁平，长 15~40cm，宽 3~5mm。伪圆锥花序长 15~30cm，狭窄，具 1~2 回分枝。花果期 7~10 月。生于丘陵山坡草地、荒野和平原路旁。

狗牙根

狗牙根属

Cynodon dactylon (L.) Pers.

多年生草本。具根茎或匍匐茎。节生不定根。叶线形，长 1~12cm，宽 1~3mm。穗状花序；小穗灰绿色或紫色。颖果长圆柱形。花果期 5~10 月。生于村庄附近、道旁河岸、荒地山坡。

弓果黍

弓果黍属

Cyrtococcum patens (L.) A. Camus

一年生草本。叶披针形，长3~8cm，3~10mm。圆锥花序由上部秆顶抽出，长 5~15cm；小穗柄长于小穗；外稃背部弓状隆起。花果期 9 月至翌年 2 月。生于丘陵杂木林或草地较阴湿处。

麻竹

牡竹属

Dendrocalamus latiflorus Munro

乔木状。箨舌顶端齿裂，秆高 20~25m，直径 15~30cm，箨鞘背面略被小刺毛，易落变无毛。叶长椭圆状披针形，长 15~35cm。果为囊果状。本种是我国南方栽培最广的竹种。

散穗弓果黍

弓果黍属

Cyrtococcum patens (L.) A. Camus var. *latifolium* (Honda) Ohwi

一年生草本。植株被毛。叶长 7~15cm，宽 1~2cm，脉间具小横脉。圆锥花序长达 30cm，宽超过 15cm；小穗柄远长于小穗。花果期 5~12 月。生于山地或丘陵林下。

吊丝竹

牡竹属

Dendrocalamus minor (McClure) L. C. Chia & H. L. Fung

多年生草本。秆近直立，高 6~12m，梢端作弓形弯曲或下垂。节间圆筒形，长 30~45cm，无毛，幼时密被白粉。叶片呈长圆状披针形，长 10~25cm，宽 1.5~3cm。花期 10~12 月。特产于我国广东、广西、贵州。

纤毛马唐（升马唐）

马唐属

Digitaria ciliaris (Retz.) Koeler

一年生草本。秆基部横卧地面，节处生根和分枝。叶片线形或披针形。总状花序 5~8 枚，长 5~12cm，呈指状排列于茎顶，小穗披针形。花果期 5~10 月。生于路旁、荒野、荒坡。

紫马唐

马唐属

Digitaria violascens Link.

一年生直立草本。秆疏丛生，高 20~60cm。叶片线状披针形，长 5~15cm，宽 2~6mm。总状花序 4~10 枚呈指状排列于茎顶。小穗椭圆形。花果期 7~11 月。生于山坡草地、路边、荒野。

马唐

马唐属

Digitaria sanguinalis (L.) Scop.

一年生草本。叶片线状披针形，长 5~15cm。总状花序 4~12 枚成指状着生；小穗孪生，同型，椭圆状披针形；第二颖具柔毛。花果期 6~9 月。生于路旁、田野。

长芒稗

稗属

Echinochloa caudata Roshev.

草本。秆高 1~2m。叶片线形。圆锥花序稍微下垂。小穗卵状椭圆形，常带紫色，长 3~4mm，脉上具硬刺毛。花果期夏秋季。生于田边、路旁及河边湿润处。

光头稗（光头芒） 稗属

Echinochloa colona (L.) Link

草本。秆直立，高 10~60cm。叶线形，长 3~20cm，宽 3~7mm。小穗阔卵形或卵形，顶端急尖或无芒；第一颖长为小穗的 1/2。花果期夏秋季。生于田野、路边湿润地上。

无芒稗 稗属

Echinochloa crusgalli (L.) P. Beauv. var. *mitis* (Pursh) Peterm.

草本。秆高 50~120cm，直立，粗壮；叶片长 20~30cm，宽 6~12mm。圆锥花序直立；小穗卵状椭圆形，无芒或具极短芒，芒长常不超过 0.5mm。多生于水边或路边草地上。

稗 稗属

Echinochloa crusgalli (L.) P. Beauv.

一年生草本。秆高 50~150cm，光滑无毛。叶片扁平，线形。圆锥花序直立，近尖塔形，长 6~20cm。小穗卵形；芒长 0.5~1.5cm。花果期夏秋季。生于沼泽地、沟边及水稻田中。

牛筋草 穇属

Eleusine indica (L.) Gaertn.

一年生草本。秆丛生。叶鞘压扁而具脊；叶片平展，线形。穗状花序 2~7 个指状着生于秆顶，弯曲，宽 8~10mm。囊果卵形。花果期 6~10 月。生于荒芜之地及道路旁。

鼠妇草　画眉草属

Eragrostis atrovirens (Desf.) Trin. ex Steud.

多年生草本。秆直立，疏丛生，高 50~100cm。叶扁平或内卷，长 4~17cm，宽 2~3mm。圆锥花序开展；小花外稃和内稃同时脱落。颖果长约 1mm。夏秋抽穗。多生于路边和溪旁。

知风草　画眉草属

Eragrostis ferruginea (Thunb.) P. Beauv.

多年生草本。秆丛生或单生，高 30~110cm，粗壮。叶片平展或折叠，长 20~40mm，宽 3~6mm。圆锥花序大而开展。花果期 8~12 月。生于路边、山坡草地。

大画眉草　画眉草属

Eragrostis cilianensis (All.) Vignolo ex Janch.

一年生草本。秆高 30~90cm，径 3~5mm。叶片线形扁平，伸展，长 6~20cm，宽 2~6mm。圆锥花序长圆形或尖塔形，分枝粗壮，单生。颖果近圆形。花果期 7~10 月。生于荒芜草地上。

乱草　画眉草属

Eragrostis japonica (Thunb.) Trin.

一年生草本。秆直立或膝曲丛生，高 30~100cm。叶片平展，长 3~25cm，宽 3~5mm，光滑无毛。圆锥花序长圆形；小穗卵圆形，成熟后紫色。花果期 6~11 月。生于田野路旁、河边及潮湿地。

画眉草

画眉草属

Eragrostis pilosa (L.) P. Beauv.

一年生草本，高 10~60cm。秆通常具 4 节。叶片线形，无毛。圆锥花序，分枝腋间有毛；小穗有花 3~14 朵。颖果长圆形，长约 0.8mm。花果期 8~11 月。生于荒芜田野草地上。

牛虱草

画眉草属

Eragrostis unioloides (Retz.) Nees. ex Steud.

多年生草本。秆直立或下部膝曲，具匍匐枝，高 20~60cm。叶片平展，近披针形。圆锥花序开展；小穗长圆形或锥形。颖果椭圆形。花果期 8~10 月。生于荒山、草地、路旁等地。

鲫鱼草

画眉草属

Eragrostis tenella (L.) P. Beauv. ex Roem. & Schult.

小型草本，高 15~60cm。秆纤细，具条纹。叶片扁平， 长 2~10cm，宽 3~5mm。圆锥花序开展；内稃脊具长纤毛。颖果长圆形，深红色。花果期 4~8 月。生于田野或荫蔽之处。

蜈蚣草

蜈蚣草属

Eremochloa ciliaris (L.) Merr.

多年生草本。秆密丛生，纤细直立，高 40~60cm。叶片常直立，长 2~5cm，宽 2~3mm。总状花序单生，常弓曲，长 2~4cm。颖果长圆形，长约 2mm。花果期夏秋季。生于山坡、路旁草丛中。

假俭草

蜈蚣草属

Eremochloa ophiuroides (Munro) Hack.

多年生草本，具强壮的匍匐茎。秆斜升，高约20cm。叶片条形，长3~8cm，宽2~4mm。总状花序顶生，稍弓曲。花果期夏秋季。生于潮湿草地及河岸、路旁。

高野黍

野黍属

Eriochloa procera (Retz.) C. E. Hubb.

一年生草本。秆丛生，高30~150cm，直立。叶片线形，长10~12cm，宽2~8mm，无毛，干时常卷折。圆锥花序长10~20cm，由数枚总状花序组成。秋季抽穗。生于荒沙地上。

鹧鸪草

鹧鸪草属

Eriachne pallescens R. Br.

丛生状小草本。秆直立，丛生，较细，高20~60cm。叶片多纵卷成针状，稀扁平，长2~10cm。圆锥花序稀疏。颖果长圆形。花果期5~10月。生于干燥山坡、松林树下和潮湿草地上。

大距花黍（距花黍）

距花黍属

Ichnanthus pallens var. *major* (Nees) Stieber

多年生草本。秆匍匐地面，自节生根，高15~50cm。叶片卵状披针形至卵形，长3~8cm，宽1~2.5cm。圆锥花序顶生或腋生。花果期8~11月。常见山谷林下、阴湿处、水旁及林下。

白茅

白茅属

Imperata cylindrica (L.) P. Beauv.

多年生草本，具粗壮的长根状茎。秆直立，高30~80cm。叶片线形。圆锥花序呈白色狗尾状。颖果椭圆形。花果期4~6月。生于低山带平原河岸草地、砂质草甸、荒漠。

摆竹

大节竹属

Indosasa shibataeoides McClure

乔木状或灌木状草本，秆高达15m，直径10cm，但常见者生长较矮小。叶片椭圆状披针形，长8~22cm，宽1.5~3.5cm。笋期4月，花期6~7月。多生于常绿阔叶林内。

箬竹

箬竹属

Indocalamus tessellatus (Munro) Keng. f.

灌木状草本，秆高0.75~2m。叶片宽披针形或长圆状披针形，长20~46cm，宽4~10.8cm。小穗小花多朵。笋期4~5月，花期6~7月。生于山坡路旁。

柳叶箬

柳叶箬属

Isachne globosa (Thunb.) Kuntze

多年生草本。秆丛生，高30~60cm。叶片披针形，长3~10cm，宽3~8mm。圆锥花序卵圆形；小穗椭圆状球形。颖果近球形。花果期夏秋季。生于低海拔的缓坡、平原草地中。

日本柳叶箬 柳叶箬属

Isachne nipponensis Ohwi

多年生草本。秆细柔，横卧地面，节上易生根，直立部分高 15~30cm。叶卵状披针形。圆锥花序，小穗球状椭圆形，颖果半球形。花果期夏秋季。生于山坡、路旁等潮湿草地中。

鸭嘴草 鸭嘴草属

Ischaemum aristatum L. var. *glaucum* (Honda) T. Koyama

多年生草本。秆直立或下部斜升，高 60~80cm。总状花序轴节间和小穗柄的外棱上无纤毛；第二小花外稃先端 2 浅裂；芒隐藏于小穗内或稍露出。花果期夏秋季。生于水边湿地。

粗毛鸭嘴草 鸭嘴草属

Ischaemum barbatum Retz.

多年生草本。秆直立，高可达 100cm，节上被髯毛。叶片线状披针形。总状花序孪生于秆顶，相互紧贴成圆柱状。颖果卵形。花果期夏秋季。多生于山坡草地。

田间鸭嘴草 鸭嘴草属

Ischaemum rugosum Salisb.

一年生草本。秆直立丛生，高 60~70cm，秆节上密被髯毛。叶卵状披针形，长 10~15cm，宽约 1cm，中脉显著。总状花序孪生于秆顶，互相紧贴。花果期夏秋季。多生于田边路旁湿润处。

李氏禾 假稻属

Leersia hexandra Swartz

多年生草本，具发达匍匐茎和细瘦根状茎。叶披针形，长 5~12cm，宽 3~6mm。圆锥花序分枝多，无小枝。颖果长约 2.5mm。花果期 6~8 月。生于河沟田岸水边湿地。

虮子草 千金子属

Leptochloa panicea (Retz.) Ohwi

一年生小草本。秆高 30~60cm。叶片扁平，长 6~18cm。圆锥花序长 10~30cm，分枝细弱；小穗灰绿色或带紫色。颖果圆球形。花果期 7~10 月。生于田野路边。

千金子 千金子属

Leptochloa chinensis (L.) Nees

一年生小草本。秆直立，基部膝曲或倾斜，高 30~90cm。叶片扁平或卷折，长 5~25cm，宽 2~6mm。圆锥花序；小穗多带紫色。颖果长圆球形。花果期 8~11 月。生于潮湿之地。

淡竹叶 淡竹叶属

Lophatherum gracile Brongn.

多年生草本。须根中部膨大呈纺锤形小块根。秆直立，高 40~80cm。叶披针形，长 6~20cm。圆锥花序。颖果长椭圆形，熟后易刺黏。花果期 6~10 月。生于山坡、林地或林缘、道旁。

刚莠竹　　莠竹属

Microstegium ciliatum (Trin.) A. Camus

多年生蔓生草本。秆高 1m 以上，较粗壮。叶披针形，长 10~20cm，宽 6~15mm。总状花序着生于短缩主轴上成指状排列。颖果长圆形。花果期 9~12 月。生于阴坡林缘。沟边湿地。

柔枝莠竹　　莠竹属

Microstegium vimineum (Trin.) A. Camus

一年生草本。秆高达 1m，多分枝，无毛。叶舌截形，叶长 4~8cm，宽 5~8mm。总状花序近指状排列于长 5~6mm 的主轴上。颖果长圆形。花果期 8~11 月。生于林缘与阴湿草地。

蔓生莠竹　　莠竹属

Microstegium fasciculatum (L.) Henrard

多年生草本。秆高达 1m，多节，秆下部节生根并分枝。叶片不具柄，长 12~15cm，宽 5~8mm，无毛。总状花序着生于主轴上。花果期 8~10 月。生于海林缘和林下阴湿地。

五节芒　　芒属

Miscanthus floridulus (Labill.) Warb. ex K. Schum. & Lauterb.

多年生草本。秆高大似竹，高 2~4m。叶片披针状线形，长 25~60cm，宽 1.5~3cm，圆锥花序大型稠密。花果期 5~10 月。生于低海拔荒地与丘陵潮湿谷地和山坡或草地。

芒

芒属

Miscanthus sinensis Andersson

多年生苇状草本。秆高1~2m。叶片线形，长20~50cm，宽6~10mm，叶片下面疏生柔毛及被白粉。圆锥花序直立，长15~40cm。颖果长圆形。花果期7~12月。遍布于山地、丘陵和荒坡原野。

竹叶草

求米草属

Oplismenus compositus (L.) P. Beauv.

多年生草本。秆较纤细，基部平卧地面，节着地生根。叶片披针形至卵状披针形，长3~9cm，具横脉。圆锥花序，分枝互生而疏离。花果期9~11月。生于疏林下阴湿处。

类芦

类芦属

Neyraudia reynaudiana (Kunth) Keng ex Hitchc.

多年生草本。须根粗而坚硬。秆直立，高2~3m，通常节具分枝。叶片扁平或卷折，长30~60cm，宽5~10mm。圆锥花序开展或下垂。花果期8~12月。生于河边、山坡或砾石草地。

求米草

求米草属

Oplismenus undulatifolius (Ard.) Roem. & Schult.

草本。秆纤细，基部平卧地面。叶片扁平，披针形至卵状披针形。圆锥花序长2~10cm。花序分枝短于2cm，叶、叶鞘、花序轴密被疣基毛。花果期7~11月。生于疏林下阴湿处。

露籽草　　露籽草属

Ottochloa nodosa (Kunth) Dandy

多年生蔓生草本。叶披针形，长 4~11cm，宽 5~10mm。圆锥花序多少开展；小穗有短柄，椭圆形，长 2.8~3.2mm。颖草质，不等长。花果期 7~11 月。生于疏林下或林缘。

短叶黍　　黍属

Panicum brevifolium L.

一年生草本。叶舌顶端被纤毛；叶片两面疏被粗毛。圆锥花序分枝具黄色腺点；小穗椭圆形，具蜿蜒长柄。颖果有乳突。花果期 5~12 月。多生于阴湿地和林缘。

糠稷　　黍属

Panicum bisulcatum Thunb.

一年生草本。秆纤细，较坚硬，高达 1m。叶片狭披针形，长 5~20cm，宽 3~15mm。圆锥花序分枝纤细。颖果平滑，浆片蜡质，具 3~5 脉。花果期 9~11 月。生于荒野潮湿处。

藤竹草（藤叶黍）　　黍属

Panicum incomtum Trin.

多年生草本。秆木质，攀缘或蔓生，多分枝，长 1 至数米，甚至可达 10m 余。叶线状披针形，长 8~20cm，宽 1~2.5cm。圆锥花序，小穗卵圆形。花果期 7 月至翌年 3 月。生于林地草丛中。

铺地黍

黍属

Panicum repens L.

多年生草本。秆高 50~100cm。叶片质硬，长 5~25cm。圆锥花序开展，长 5~20cm；第一颖长为小穗 1/3 以下。颖果浆片纸质，多脉。花果期 6~11 月。生于海边、溪边以及潮湿之处。

圆果雀稗

雀稗属

Paspalum scrobiculatum L. var. *orbiculare* (G. Forst.) Hack.

多年生草本。秆直立，丛生，高 30~90cm。叶片长披针形至线形，长 10~20cm，宽 5~10mm。总状花序长 3~8cm。花果期 6~11 月。生于荒坡、草地、路旁及田间。

双穗雀稗

雀稗属

Paspalum distichum L.

多年生草本。匍匐茎横走，长达 1m。叶披针形，长 5~15cm，宽 3~7mm。小穗长 3~3.5mm，椭圆形。总状花序 2 枚对连。花果期 5~9 月。生于田边路旁。

雀稗

雀稗属

Paspalum thunbergii Kunth ex Steud.

多年生草本。秆直立，丛生，高 50~100cm，节被长柔毛。叶片线形，长 10~25cm，宽 5~8mm，两面被柔毛。总状花序 3~6 枚，互生形成圆锥花序。花果期 5~10 月。生于荒野潮湿草地。

丝毛雀稗 雀稗属

Paspalum urvillei Steud.

多年生草本。具短根状茎。秆丛生，高 50~150cm。叶片长 15~30cm，宽 5~15mm。总状花序组成大型总状圆锥花序。花果期 5~10 月。生于村旁路边和荒地。

象草 狼尾草属

Pennisetum purpureum Schumach.

多年生丛生大型草本。有时常具地下茎。秆直立，高 2~4m。叶片线形，扁平，质较硬。圆锥花序长 10~30cm，宽 1~3cm。花果期 8~10 月。原产非洲。我国南方引种栽培。

狼尾草 狼尾草属

Pennisetum alopecuroides (L.) Spreng.

多年生草本。秆直立，丛生，高 30~120cm。叶线形，长 10~80cm，宽 3~8mm。圆锥花序直立，小穗线状披针形。颖果长圆形。花果期夏秋季。生于田岸、荒地、道旁及小山坡上。

芦苇 芦苇属

Phragmites australis (Cav.) Trin. ex Steud.

多年生草本。根状茎非常发达。秆直立，高 1~3m。叶片披针状线形，长 30cm，宽 2cm，顶端长渐尖成丝形。圆锥花序大型，分枝多数。生于江河湖泽、池塘沟渠沿岸和低湿地。

卡开芦（水芦） 芦苇属

Phragmites karka (Retz.) Trin. ex Steud.

多年生苇状草本。秆高大直立，高 4~6m，直径 1.5~2.5cm。叶片扁平宽广，长达 50cm。圆锥花序大型，具稠密分枝与小穗。花果期 8~12 月。生于江河湖岸与溪旁湿地。

早熟禾 早熟禾属

Poa annua L.

一年生或冬性禾草。秆直立或倾斜，秆高 6~30cm，平滑无毛。叶片扁平或对折，长 2~12cm，宽 1~4mm。圆锥花序宽卵形。花期 4~5 月，果期 6~7 月。生于山坡草地。

毛竹 刚竹属

Phyllostachys edulis (Carrière) J. Houz.

多年生草本。秆高达 20m 余，幼秆密被细柔毛及厚白粉，箨环有毛，老秆无毛，并由绿色渐变为绿黄色。叶片较小较薄，披针形。毛竹是我国栽培悠久、面积最广、经济价值也最重要的竹种。

金发草 金发草属

Pogonatherum paniceum (Lam.) Hack.

草本。秆硬似小竹，高 30~60cm。叶片线形，长 1.5~5.5cm，宽 1.5~4mm。总状花序稍弯曲，乳黄色。花果期 4~10 月。生于山坡、草地、路边、溪旁草地的干旱向阳处。

棒头草

棒头草属

Polypogon fugax Nees ex Steud.

一年生草本。秆丛生，基部膝曲，大都光滑，高10~75cm。叶鞘无毛；叶片宽3~4mm。圆锥花序穗状，较疏松；小穗长约2.5mm；颖疏被短纤毛，先端具芒；外稃光滑。

鹅观草

鹅观草属

Roegneria kamoji (Ohwi) Keng & S. L. Chen

多年生草本。秆直立或基部倾斜，高30~100cm。叶片扁平，长5~40cm，宽3~13mm。穗状花序长7~20cm，弯曲或下垂；小穗绿色或带紫色，含3~10小花。生于山坡和湿润草地。

托竹（篱竹）

矢竹属

Pseudosasa cantorii (Munro) Keng f. ex S. L. Chen et al.

乔木状草本。秆高2~4m，粗5~10mm。叶片狭披针形乃至长圆状披针形，长12~20cm，宽12~25mm。圆锥状或总状花序，着生于侧生叶枝的顶端。笋期3月，花期3~4月。生于低丘山坡或水沟边。

筒轴茅

筒轴茅属

Rottboellia cochinchinensis (Lour.) Clayton

一年生草本。秆直立，高2m。叶片线形，可达50cm，宽可达2cm。总状花序粗壮直立，花序轴节间肥厚，易逐节断落。颖果长圆状卵形。花果期秋季。生于田野、路旁草丛中。

斑茅

甘蔗属

Saccharum arundinaceum Retz.

多年生高大丛生草本。秆粗壮，高 2~4m。叶线状披针形，长 1~2m，宽 2~5cm，边缘锯齿状粗糙。圆锥花序大型。颖果长圆形。花果期 8~12 月。生于山坡和河岸溪涧草地。

红裂稃草

裂稃草属

Schizachyrium sanguineum (Retz.) Alston

多年生草本。秆直立，常少数丛生，高 50~120cm。叶片线形，长 5~20cm，顶端钝。总状花序单生，3~9cm。颖果线形。花果期 7~12 月。生于山坡草地。

囊颖草

囊颖草属

Sacciolepis indica (L.) Chase

一年生草本。秆高 20~100cm。叶线形，长 5~20cm。圆锥花序；小穗斜披针形。颖果椭圆形。花果期 7~11 月。生于湿地或淡水中，常见于稻田边、林下等地。

大狗尾草

狗尾草属

Setaria faberi R. A. W. Herrm.

一年生草本。常具支柱根。秆粗壮而高大、直立或基部膝曲，高 50~120cm。叶片线状披针形，长 10~40cm，宽 5~20mm。圆锥花序紧缩呈圆柱状。花果期 7~10 月。生于山坡、路旁或荒野。

棕叶狗尾草　狗尾草属

Setaria palmifolia (J. Koenig) Stapf

高大草本。秆直立或基部稍膝曲，高 0.75~2m。叶片纺锤状宽披针形，长 20~59cm，宽 2~7cm，具纵深皱褶。圆锥花序疏松。颖果卵状披针形。花果期 8~12 月。生于山坡或谷地林下阴湿处。

皱叶狗尾草　狗尾草属

Setaria plicata (Lam.) T. Cooke

多年生草本。秆通常瘦弱，高 45~130cm。叶片质薄，椭圆状披针形，长 4~43cm，宽 0.5~3cm。圆锥花序狭长圆形。颖果狭长卵形。花果期 6~10 月。生于山坡林下、沟谷地阴湿处或路边草地上。

幽狗尾草（莠狗尾草）　狗尾草属

Setaria parviflora (Poir.) Kergu é len

多年生草本，丛生。秆高 30~90cm，直立或基部膝曲；叶片质硬，常卷折呈线形。圆锥花序稠密呈圆柱状。花果期 2~11 月。生于山坡、旷野或路边的干燥或湿地。

金色狗尾草　狗尾草属

Setaria pumila (Poir.) Roem. & Schult.

一年生草本。秆直立或基部倾斜膝曲，高 20~90cm。叶片线状披针形，长 5~40cm，宽 2~10mm。圆锥花序；小穗长 2~2.5mm。花果期 6~10 月。生于林边、山坡、路边及荒野。

狗尾草

狗尾草属

Setaria viridis (L.) P. Beauv

一年生草本。秆直立或基部膝曲，10~100cm。叶片扁平，长三角状狭披针形，长4~30cm，宽2~18mm。圆锥花序紧密呈圆柱状。颖果灰白色。花果期5~10月。生于荒野、道旁。

菅

菅属

Sthemeda villosa (Poir.) A. Camus

多年生草本。秆粗壮，多簇生，高1~2m或更高。叶线形，长可达1m，宽0.7~1.5cm。总状花序长2~3cm。颖果。花果期8月至翌年1月。生于山坡灌丛、草地或林缘向阳处。

稗荩

稗荩属

Sphaerocaryum malaccense (Trin.) Pilger.

一年生草本。秆高10~30cm。叶片卵状心形，基部抱茎，长1~1.5cm，宽6~10mm，疏生硬毛。圆锥花序卵形。颖果卵圆形，棕褐色。花果期秋季。生于灌丛或草甸中。

粽叶芦

粽叶芦属

Thysanolaena latifolia (Roxb. ex Hornem.) Honda

多年生丛状草本。秆高2~3m。叶片披针形，长20~50cm。圆锥花序大型，长达50cm。颖果长圆形。一年有两次花果期，春夏或秋季。生于山坡、山谷或树林下和灌丛中。

（六十二） 罂粟科 Papaveraceae

北越紫堇（台湾黄堇） 紫堇属

Corydalis balansae Prain

灰绿色丛生草本，高 30~50cm。茎生叶二回羽状全裂，长 7.5~15cm，宽 6~10cm，总状花序多花而疏离，花黄色至黄白色。蒴果线状长圆形。花果期春夏季。生于山谷或沟边湿地。

地锦苗 紫堇属

Corydalis sheareri S. Moore

多年生草本。高 20~40cm。叶片三角形，二回羽状全裂。总状花序生于茎及分枝先端，花瓣紫红色。蒴果狭圆柱形；种子近圆形，黑色。花果期 3~6 月。生于水边或林下潮湿地。

（六十三） 木通科 Lardizabalaceae

木通 木通属

Akebia quinata (Houtt.) Decne

落叶木质藤本。掌状复叶，小叶 5 枚，倒卵形。总状花序腋生，花单性，雌雄同株，紫色。果椭圆形，成熟时紫色，开裂。花期 4~5 月，果期 6~8 月。生于山地、林缘和沟谷中。

白木通 木通属

Akebia trifoliata (Thunb.) Koidz. subsp. *australis* (Diels) T. Shimizu

落叶木质藤本。小叶革质，卵状长圆形。总状花序腋生。雄花萼片红色；雌花萼片暗紫色。果长圆形，熟时黄褐色。花期 4~5 月，果期 6~9 月。生于山坡灌丛或沟谷疏林中。

野木瓜 野木瓜属

Stauntonia chinensis DC.

常绿木质藤本。掌状复叶有小叶 5~7 片。总状花序腋生。雌雄同株；萼片外面淡黄色，内面紫红色，具蜜腺状花瓣。浆果长圆形。花期 3~4 月，果期 6~10 月。生于山地、林缘和沟谷中。

斑叶野木瓜（白点野木瓜） 野木瓜属

Stauntonia maculata Merr.

木质藤本。掌状复叶有小叶 3~6 片；叶倒卵形，长 3.5~6cm，宽 1.5~3cm。总状花序生于叶腋，花雌雄同株，白带淡黄色。果椭圆形。花期 2~4 月，果期 9~11 月。生于山谷疏林或密林中。

牛藤果（椭圆叶野木瓜） 野木瓜属

Stauntonia elliptica Hemsl.

木质藤本，全株无毛。小叶纸质，椭圆形，长 3~11cm，宽 2~5cm。总状花序生于叶腋，花雌雄同株，淡绿色至近白色。果长圆形。花期 7~10 月。生于山地、林缘和沟谷中。

倒卵叶野木瓜 野木瓜属

Stauntonia obovata Hemsl.

木质藤本。掌状复叶有小叶 3~6 片；叶倒卵形，长 3.5~6cm，宽 1.5~3cm。总状花序生于叶腋，花雌雄同株，白色带淡黄色。果椭圆形。花期 2~4 月，果期 9~11 月。生于山谷疏林或密林中。

三脉野木瓜　　野木瓜属

Stauntonia trinervia Merr.

木质藤本。掌状复叶有小叶3~5片。总状花序腋生；花雌雄异株，花暗黄色。果长圆形，外被白粉并密布小疣点。花期4月，果期10月。生于山地沟谷旁的疏林中。

（六十四）防己科 Menispermaceae

木防己　　木防己属

Cocculus orbiculatus (L.) DC.

木质藤本。叶片纸质至近革质，形态变异大。聚伞花序腋生；单性花，同株，花瓣6；淡黄色。核果近球形，成熟后紫色。花期5~6月，果期8~9月。生于灌丛、村边、林缘等处。

毛叶轮环藤　　轮环藤属

Cyclea barbata Miers

草质藤本。叶盾状着生，两面被毛，长1~5cm。花单性，雌雄同株，花淡黄色。核果近圆球形，红色。花期秋季，果期冬季。缠绕林中、林缘和村边的灌木上。

粉叶轮环藤（百解藤）　　轮环藤属

Cyclea hypoglauca (Schauer) Diels

藤本。叶纸质，盾状着生，阔卵状三角形至卵形，长2.5~7cm，掌状脉5~7条。雄花序穗状；雌花序总状。核果红色，无毛。花期5~7月，果期7~9月。生于林缘和山地灌丛。

轮环藤
轮环藤属

Cyclea racemosa Oliv.

藤本。老茎木质化。叶盾状，掌状脉 9~11 条。聚伞圆锥花序狭窄，总状花序状，花单性，雌雄同株。核果扁球形，疏被刚毛。花期 4~5 月，果期 8 月。生于林中或灌丛中。

夜花藤
夜花藤属

Hypserpa nitida Miers

木质藤本。叶片卵形，长 4~10cm，宽 1.5~5cm，掌状脉。花单性，淡黄色，雌雄同株。核果成熟时黄色，近球形。花果期夏季。常生于林中或林缘。

秤钩风
秤钩风属

Diploclisia affinis (Oliv.) Diels

木质藤本。叶三角状扁圆形，长 3.5~9cm，边缘具波状圆齿；掌状脉。聚伞花序，花单性，淡黄色，雌雄同株。核果红色，倒卵圆形。花期 4~5 月，果期 7~9 月。生于林缘或疏林中。

粉绿藤
粉绿藤属

Pachygone sinica Diels

木质藤本。小枝细瘦，被柔毛。叶薄革质，卵形。总状花序或极狭窄的圆锥花序，花单性，淡黄色，雌雄同株。核果扁球形。花期 9~10 月，果期 2 月。常生于林中。

细圆藤

细圆藤属

Pericampylus glaucus (Lam.) Merr.

木质藤本。叶三角状卵形，长 3.5~8cm，掌状 3~5 脉，顶端有小凸尖。聚伞花序腋生；花瓣 6，淡黄色，楔形。核果红色或紫色。花期 4~6 月，果期 9~11 月。生于林中、林缘和灌丛中。

血散薯

千金藤属

Stephania dielsiana Y. C. Wu

草质藤本。枝、叶含红色液汁；块根硕大。叶三角状近圆形，掌状脉。花单性，雄雌同株，花紫色。核果红色，倒卵圆形。花期夏初。生于林中、林缘或溪边多石砾的地方。

金线吊乌龟

千金藤属

Stephania cephalantha Hayata

藤本，高 1~2m。叶纸质，三角状扁圆形，长 2~6cm，宽 2.5~6.5cm，掌状脉 7~9 条。花单性，雌雄同株，花黄色。核果阔倒卵圆形，成熟时红色。花期 4~5 月，果期 6~7 月。生于村边、林缘等处。

（六十五） 小檗科 Berberidaceae

阔叶十大功劳

十大功劳属

Mahonia bealei (Fortune) Carrière

灌木或小乔木，高 0.5~4m。叶狭倒卵形，具 4~10 对小叶。总状花序直立，花黄色。浆果卵形，深蓝色，被白粉。花期 9 月至翌年 1 月，果期 3~5 月。生于林下、林缘、路旁。

小果十大功劳　　十大功劳属

Mahonia bodinieri Gagnep.

灌木或小乔木，高 0.5~4m。叶倒卵状长圆形，具小叶 8~13 对。总状花序簇生，花黄色。浆果球形，紫黑色，被白霜。花期 6~9 月，果期 8~12 月。生于林下、灌丛中、林缘或溪旁。

钝齿铁线莲　　铁线莲属

Clematis apiifolia DC. var. *argentilucida* (H. L é v. & Vaniot) W. T. Wang

藤本。三出复叶；小叶片长5~13cm，3~9cm，下面密生短柔毛，边缘有少数钝锯齿。圆锥状聚伞花序，花白色。瘦果纺锤形。花期 7~9 月，果期 9~10 月。生于山坡林中或沟边。

（六十六）毛茛科 Ranunculaceae

女萎（女萎）　　铁线莲属

Clematis apiifolia DC.

藤本。小枝和花序梗、花梗密生贴伏短柔毛。三出复叶；小叶片卵形，3 浅裂，边缘有锯齿。圆锥状聚伞花序，花白色。瘦果纺锤形。花期 7~9 月，果期 9~10 月。生于山野林边。

铁线莲　　铁线莲属

Clematis florida Thunb.

草质藤本。茎棕色或紫红色，具六条纵纹。二回三出复叶；小叶片狭卵形。花单生于叶腋，花白色。瘦果倒卵形。花期 1~2 月，果期 3~4 月。生于丘陵灌丛中、山谷、路旁。

单叶铁线莲 铁线莲属

Clematis henryi Oliv.

木质藤本。单叶，叶片卵状披针形。花钟状，顶端反卷，白色或淡黄色。瘦果狭卵形。花期 11~12 月，果期翌年 3~4 月。生于溪边、林下及灌丛中，缠绕于树上。

禺毛茛（禹毛茛） 毛茛属

Ranunculus cantoniensis DC.

多年生草本，高 25~80cm。三出复叶，叶边缘密生锯齿。多花，疏生；花瓣 5，花黄色。聚合果近球形，瘦果扁平。花果期 4~7 月。生于平原或丘陵田边、水沟旁湿地。

毛蕊铁线莲 铁线莲属

Clematis lasiandra Maxim.

攀缘草质藤本。小叶 3~9 枚；小叶片卵状披针形。聚伞花序腋生，常 1~3 花，花钟状，顶端反卷，粉红色至紫红色。瘦果卵形。花期 10 月，果期 11 月。生于沟边、山坡荒地及灌丛中。

石龙芮 毛茛属

Ranunculus sceleratus L.

一年生草本。茎直立，高 10~50cm。基生叶多数；叶片肾状圆形；茎生叶多数，3 全裂。聚伞花序，花小，黄色；花瓣 5。聚合果长圆形。花果期 5~8 月。生于河沟边及平原湿地。

（六十七） 清风藤科 Sabiaceae

垂枝泡花树 泡花树属

Meliosma flexuosa Pamp.

小乔木。单叶，膜质，倒卵形，长 6~12 cm，宽 3~3.5 cm，叶柄上面具宽沟。圆锥花序顶生，向下弯垂，花白色，萼片 5。果近卵形。花期 5~6 月，果期 7~9 月。生于山地林间。

红柴枝 泡花树属

Meliosma oldhamii Miq. ex Maxim.

落叶乔木，高可达 20m。羽状复叶，有小叶 7~15 片。圆锥花序顶生，直立，花白色。核果球形，核具明显凸起网纹。花期 5~6 月，果期 8~9 月。生于湿润山坡、山谷林间。

香皮树（罗浮泡花树） 泡花树属

Meliosma fordii Hemsl.

乔木，高达 10m。单叶，倒披针形，长 9~18cm，宽 2.5~5cm，上面光亮，下面被疏柔毛。圆锥花序宽广，花黄色。核果。花期 5~7 月，果期 8~10 月。生于山地林间。

狭序泡花树 泡花树属

Meliosma paupera Hand.-Mazz.

落叶乔木，高可达 9m。单叶，薄革质，倒披针形，长 5.5~14cm，宽 1~3cm。圆锥花序顶生，呈疏散扫帚状，花白色。核果球形。花期 5~6 月，果期 8~10 月。生于山谷、溪边、林间。

毡毛泡花树

泡花树属

Meliosma rigida Siebold & Zucc. var. *pannosa* (Hand.-Mazz.) Y. W. Law

乔木、枝、叶背、叶柄及花序密被长柔毛或交织长茸毛。单叶，倒披针形或狭倒卵形。圆锥花序顶生，花白色。核果球形。花期5~6月，果期8~9月。生于山地林间。

清风藤

清风藤属

Sabia japonica Maxim.

落叶攀缘木质藤本。单叶，近纸质，卵状椭圆形，叶背带白色。花1~2朵腋生，淡黄绿色。分果近圆形或肾形。花期2~3月，果期4~7月。生于山谷、林缘灌木林中。

山様叶泡花树

泡花树属

Meliosma thorelii Lecomte

乔木，高6~14m。单叶，倒披针形，长12~25cm，宽4~8cm，侧脉15~22对。圆锥花序顶生或生于上部叶腋。核果近球形，有稍凸起的网纹。花期夏季，果期10~11月。生于山地林间。

尖叶清风藤

清风藤属

Sabia swinhoei Hemsl.

常绿攀缘木质藤本。叶纸质，椭圆形，长5~12cm，宽2~5cm，先端渐尖或尾状尖。聚伞花序有花2~7朵，花浅绿色。分果深蓝色，近圆形。花期3~4月，果期7~9月。生于山谷林中。

（六十八） 山龙眼科 Proteaceae

小果山龙眼（越南山龙眼） 山龙眼属

Helicia cochinchinensis Lour.

乔木或灌木，高4~15m。叶长圆形，长5~11cm，宽2.5~4cm。总状花序腋生，花白色或淡黄色。果椭圆状，蓝黑色。花期6~10月，果期11月至翌年2月。生于山谷林中。

广东山龙眼 山龙眼属

Helicia kwangtungensis W. T. Wang

乔木。叶纸质，长圆形，长10~26cm，宽6~12cm。总状花序腋生，花淡黄色，苞片狭三角形。果近球形，紫黑色。花期6~7月，果期10~12月。生于山谷林中。

网脉山龙眼 山龙眼属

Helicia reticulata W. T. Wang

常绿乔木或灌木，高3~10m。叶革质，长圆形、倒卵形或倒披针形，网脉两面突起。总状花序；花被管白色或浅黄色。果椭圆状，黑色。花期5~7月，果期10~12月。生于山谷林中。

（六十九） 蕈树科 Altingiaceae

蕈树（阿丁枫） 阿丁枫属

Altingia chinensis (Champ. ex Benth.) Oliv. ex Hance

常绿乔木，高达20m。叶倒卵状矩圆形，长7~13cm，宽3~4.5cm。雄花短穗状花序；雌花头状花序。头状果序有15~26颗果。花期夏季，果期秋冬。生于山谷林中。

枫香树（枫香）

枫香树属

Liquidambar formosana Hance

落叶乔木，高达 30m。叶基部心形，掌状 3 裂。雄性短穗状花序；雌性头状花序；萼齿长 4~8mm。头状果序直径 3~4cm。花期 3~4 月，果期 10 月。生于平地、村落附近及低山的次生林。

半枫荷

半枫荷属

Semiliquidambar cathayensis H. T. Chang

常绿乔木。幼叶掌状 3~5 裂，背白；成长叶矩圆形，长 7~15cm，宽 3~10cm。花单生或 2~4 朵成聚伞花序；花瓣 5。头状果序，有蒴果 22~28 颗。花期 5~6 月，果期 7~9 月。生于山谷溪旁林中。

（七十）金缕梅科 Hamamelidaceae

尖叶假蚊母树（尖叶水丝梨）

假蚊母树属

Distyliopsis dunnii (Hemsl.) P. K. Endress

常绿灌木或小乔木。叶革质，矩圆形或卵状矩圆形，长 6~9cm。雄花与两性花排成总状或穗状花序。种子褐色，发亮，种脐白色。花期 3~4 月，果期 6~11 月。生于山谷林中。

蚊母树

蚊母树属

Distylium racemosum Siebold & Zucc.

常绿灌木或小乔木。叶革质，椭圆形，长 3~7cm，宽 1.5~3.5cm。总状花序，花雌雄同在一个花序上，雌花位于花序的顶端。蒴果卵圆形。种子卵圆形，褐色，发亮，种脐白色。常见栽培。

大果马蹄荷

马蹄荷属

Exbucklandia tonkinensis (Lecomte) H. T. Chang

常绿乔木，高达 30m。叶革质，阔卵形，全缘或幼叶为掌状 3 浅裂。头状花序单生，萼齿鳞片状，无花瓣。头状果序，蒴果卵圆形。生于山地林中及山谷低坡处。

檵木

檵木属

Loropetalum chinense (R. Br.) Oliv.

灌木。叶全缘，羽状脉，下面被星毛，稍带灰白色。花 3~8 朵簇生，有白色花瓣；近头状花序。蒴果近球形。种子圆卵形，黑色，发亮。 花期 3~4 月。喜向阳的丘陵及山地。

（七十一）虎皮楠科 Daphniphyllaceae

牛耳枫

交让木属

Daphniphyllum calycinum Benth.

灌木，高 1~4m。叶阔椭圆形或倒卵形，长 12~16cm。总状花序腋生；雄花花萼盘状，3~4 浅裂；雌花萼片 3~4。果卵圆形，被白粉。花期 4~6 月，果期 8~11 月。生于疏林或灌丛中。

交让木

交让木属

Daphniphyllum macropodum Miq.

灌木或小乔木，高 3~10m。小枝具圆形大叶痕。叶长 14~25cm，宽 3~6.5cm，叶柄紫红色。花单性，雌雄同株。果椭圆形，先端具宿存柱头，有时被白粉。花期 3~5 月，果期 8~10 月。生于林中。

虎皮楠

交让木属

Daphniphyllum oldhami (Hemsl.) K. Rosenth.

灌木或小乔木，高 5~10m。叶纸质，长圆状披针形，长 9~14cm，宽 2.5~4cm，叶背显著被白粉。花单性，雌雄同株。核果椭圆形，暗褐色至黑色。花期 3~5 月，果期 8~11 月。生于林中。

（七十二） 鼠刺科 Iteaceae

鼠刺

鼠刺属

Itea chinensis Hook. & Arn.

常绿灌木或小乔木。叶薄革质，倒卵形，侧脉 4~5 对，边缘上部具小齿。总状花序腋生；花瓣披针形，白色。蒴果长圆状披针形。花期 3~5 月，果期 5~12 月。生于林中。

（七十三） 虎耳草科 Saxifragaceae

虎耳草

虎耳草属

Saxifraga stolonifera Curt.

多年生草本。鞭匐枝细长。基生叶近心形，背面常红紫色，茎生叶披针形。花瓣白色，具紫红色及黄色斑点。花果期 4~11 月。生于林下、草甸和阴湿岩隙。

（七十四） 景天科 Crassulaceae

东南景天

景天属

Sedum alfredii Hance

多年生草本。叶互生，线状楔形至匙状倒卵形，长 1.2~3cm，宽 2~6mm。萼片 5，花瓣 5，黄色，雄蕊 10。蓇葖斜叉开。花期 4~5 月，果期 6~8 月。生于山坡林下阴湿石上。

珠芽景天

景天属

Sedum bulbiferum Makino

多年生草本。根须状。茎下部常横卧。叶腋常有圆球形、肉质、小型珠芽着生；基部叶常对生，上部的互生。花黄色。花期 4~5 月。生于低山、平地树阴下。

大叶火焰草

景天属

Sedum drymarioides Hance

一年生草本。植株全体有腺毛，下部叶对生或 4 叶轮生，上部叶互生。花瓣 5，白色。种子长圆状卵形，有纵纹。花期 4~6 月，果期 8 月。生于低山阴湿岩石上。

凹叶景天

景天属

Sedum emarginatum Migo

多年生草本。叶对生，匙状倒卵形至宽卵形，长 1~2cm，宽 5~10mm，先端圆，有微缺。花瓣 5，黄色。种子细小，褐色。花期 5~6 月，果期 6 月。生于山坡阴湿处。

（七十五） 葡萄科 Vitaceae

蓝果蛇葡萄

蛇葡萄属

Ampelopsis bodinieri (H. Lév. & Vaniot) Rehder

木质藤本。叶片卵圆形。复二歧聚伞花序，疏散，花瓣 5，长椭圆形；雄蕊 5，花丝丝状，花药黄色。果实近球圆形。花期 4~6 月，果期 7~8 月。生林中或山坡灌丛阴处。

广东蛇葡萄　　蛇葡萄属

Ampelopsis cantoniensis (Hook. & Arn.) Planch.

木质藤本。卷须2叉分枝。常二回羽状复叶，基部1对为3小叶。多歧聚伞花序与叶对生；花瓣5。浆果近球形。花期4~7月，果期8~11月。生于林中或山坡灌丛。

牯岭蛇葡萄　　蛇葡萄属

Ampelopsis glandulosa (Wall.) Momiy. var. *kulingensis* (Rehder) Momiy.

木质藤本。卷须2~3叉分枝。单叶，五角形，不裂或3~5中裂。花序梗长1~2.5cm，被毛。果实近球形；种子2~4颗。花期5~7月，果期8~9月。生于山坡灌丛或林下。

三裂蛇葡萄　　蛇葡萄属

Ampelopsis delavayana Planch.

木质藤本。卷须2~3叉分枝，相隔2节间断与叶对生。叶为3小叶，中央小叶披针形，侧生小叶卵椭圆形。花瓣5，卵椭圆形。花期6~8月，果期9~11月。生于山坡灌丛或林中。

显齿蛇葡萄　　蛇葡萄属

Ampelopsis grossedentata (Hand.-Mazz.) W. T. Wang

木质藤本。叶为一至二回羽状复叶，二回羽状复叶者基部一对为3小叶，小叶卵圆形。伞房状多歧聚伞花序。浆果近球形。花期5~7月，果期8~9月。生于山坡灌丛或林下。

白毛乌蔹莓

乌蔹莓属

Causonis albifolia C. L. Li

半木质或草质藤本。小枝圆柱形，有纵棱纹。卷须 3 分枝，相隔 2 节间断与叶对生。伞房状多歧聚伞花序，腋生。花期 5~6 月，果期 7~8 月。生于山谷林中或山坡岩石。

乌蔹莓

乌蔹莓属

Causonis japonica (Thunb.) Gagnep.

藤本。卷须 2~3 分枝。小叶 5 指状，中央小叶长圆形，长 2.5~4.5cm，宽 1.5~4.5cm。复二歧聚伞花序腋生；花瓣 4。果实近球形。花期 3~8 月，果期 8~11 月。生于山谷林中或山坡灌丛。

角花乌蔹莓

乌蔹莓属

Causonis corniculata (Benth.) Gagnep.

草质藤本。叶为鸟足状 5 小叶，长椭圆披针形。复二歧聚伞花序，腋生，花瓣 4，三角状卵圆形，顶端有小角。果实近球形。花期 4~5 月，果期 7~9 月。生于山谷、溪边、疏林或山坡灌丛。

毛乌蔹莓

乌蔹莓属

Causonis japonica (Thunb.) Gagnep. var. *mollis* (Wall.) Momiy.

草质藤本。叶为鸟足状 5 小叶，叶下面满被或仅脉上密被疏柔毛。花序腋生，复二歧聚伞花序。花期 5~7 月，果期 7 月至翌年 1 月。生于山谷林中或山坡灌丛。

苦郎藤（风叶藤）

白粉藤属

Cissus assamica (M. A. Lawson) Craib

木质藤本。枝圆柱形，被丁字毛；卷须2分枝。叶阔心形。花序与叶对生，花瓣4，三角状卵形。果实倒卵圆形，成熟时紫黑色。花期5~6月，果期7~10月。生于山谷、溪边、林中或山坡。

异叶地锦

地锦属

Parthenocissus dalzielii Gagnep.

木质藤本。卷须相隔2节间断与叶对生，顶端吸盘状。两型叶：短枝3小叶，长枝单叶。萼碟形，花瓣4。果实近球形。花期5~7月，果期7~11月。生于山崖陡壁、山坡或岩石缝中。

翼茎白粉藤

白粉藤属

Cissus pteroclada Hayata

草质藤本。枝具4翅棱，卷须2分枝。叶卵圆形，长5~12cm，宽4~9cm。花序顶生或与叶对生；花瓣4。果实倒卵椭圆形。花期6~8月，果期8~12月。生于山谷、疏林或灌丛。

绿叶地锦

地锦属

Parthenocissus laetevirens Rehder

木质藤本。叶为掌状5小叶，小叶倒卵长椭圆形。多歧聚伞花序圆锥状，花瓣5。果实球形。花期7~8月，果期9~11月。生于山谷林中或山坡灌丛，攀缘树上或崖石壁上。

尾叶崖爬藤

崖爬藤属

Tetrastigma caudatum Merr. & Chun

木质藤本。卷须不分枝，相隔2节间断与叶对生。3小叶，顶端尾状渐尖。萼碟形，4齿，花瓣4。果实椭圆形。花期5~7月，果期9月至翌年4月。生于林中或山坡灌丛阴处。

扁担藤

崖爬藤属

Tetrastigma planicaule (Hook. f.) Gagnep.

木质大藤本。茎扁压。掌状5小叶，中央小叶披针形，长9~16cm，宽3~6cm，边缘有5~9个齿。萼浅碟形，花瓣4。果实近球形。花期4~6月，果期8~12月。生于山谷林中或山坡岩石缝中。

三叶崖爬藤

崖爬藤属

Tetrastigma hemsleyanum Diels & Gilg

木质藤本。3小叶，小叶披针形，长3~10cm，宽1.5~3cm。花序腋生，萼碟形，花瓣4，卵圆形。果实近球形。花期4~6月，果期8~11月。生于山坡灌丛、山谷、溪边林下岩石缝中。

蘡薁

葡萄属

Vitis bryoniifolia Bunge

木质藤本。卷须2叉分枝，叶长圆卵形，长2.5~8cm，宽2~5cm。花杂性异株，圆锥花序，萼碟形，花瓣5。果实球形，成熟时紫红色。花期4~8月，果期6~10月。生于山谷林中、灌丛、沟边。

大果俞藤　俞藤属

Yua austro-orientalis (F. P. Metcalf) C. L. Li

木质藤本。叶为掌状5小叶，倒卵披针形。复二歧聚伞花序，萼杯状，花瓣5。果实圆球形，紫红色。花期5~7月，果期10~12月。生于林中或林缘灌木丛，攀缘树上或铺散在岩边。

（七十六）豆科 Fabaceae

藤金合欢　金合欢属

Acacia concinna (Willd.) DC.

攀缘藤本。二回羽状复叶；羽片6~10对；小叶15~25对，长8~12mm，宽2~3mm。头状花序球形，花白色或淡黄色，芳香。荚果带状。花期4~6月，果期7~12月。生于疏林或灌丛中。

羽叶金合欢　金合欢属

Acacia pennata (L.) Willd.

攀缘多刺藤本。羽片8~22对；小叶30~54对，长5~10mm，宽0.5~1.5mm。头状花序圆球形，花黄色。果带状。花期3~10月；果期7月至翌年4月。生于疏林中，常攀附于灌木或小乔木的顶部。

海红豆　海红豆属

Adenanthera microsperma Teijsm. & Binn.

落叶乔木。二回羽状复叶，羽片4~7对，小叶4~7对；小叶互生，长圆形。总状花序，花黄色。荚果狭长圆形，种皮红色。花期4~7月，果期7~10月。多生于山沟、溪边、林中或栽培。

合萌

合萌属

Aeschynomene indica L.

一年生亚灌木。常 20~30 对小叶，线状长圆形，上面密布腺点。总状花序腋生；花冠淡黄色，具紫色纵脉纹。荚果线状长圆形。花期 7~8 月，果期 8~10 月。生于林中及林缘边。

合欢

合欢属

Albizia julibrissin Durazz.

落叶乔木，高可达 16m，树冠开展。二回羽状复叶，羽片 4~12 对。头状花序于枝顶排成圆锥花序；花粉红色。荚果带状。花期 6~7 月，果期 8~10 月。生于山坡或栽培。

天香藤

合欢属

Albizia corniculata (Lour.) Druce

攀缘灌木或藤本。二回羽状复叶；羽片 2~6 对；小叶 4~10 对。头状花序，花冠白色。荚果带状扁平。花期 4~7 月，果期 8~11 月。生于旷野或山地疏林中，常攀附于树上。

山槐

合欢属

Albizia kalkora (Roxb.) Prain

落叶小乔木或灌木。二回复叶，羽片 2~4 对，小叶 5~14 对，小叶两面被短柔毛。圆锥花序；花初白色，后变黄。荚果带状。花期 5~6 月，果期 8~10 月。生于山坡灌丛、疏林中。

链荚豆

链荚豆属

Alysicarpus vaginalis (L.) DC.

多年生草本，高 30~90cm。仅单小叶，上部卵状长圆形，下部卵形。总状花序有花 6~12 朵，花冠紫蓝色。荚果扁圆柱形。花期 9 月，果期 9~11 月。生于空旷草坡、旱田边、路旁。

亮叶猴耳环

猴耳环属

Archidendron lucidum (Benth.) Nielsen

常绿小乔木。羽片 1~2 对；小叶互生，2~5 对，斜卵形。头状花序球形；花瓣白色。荚果旋卷成环状；种子紫黑色。花期 4~6 月，果期 7~12 月。生于林中或林缘灌木丛中。

猴耳环

猴耳环属

Archidendron clypearia (Jack.) Nielsen

常绿乔木。二回羽状复叶，羽片 3~8 对，小叶对生，3~12 对，斜菱形。花数朵聚成头状花序，花白色。荚果旋卷；种子黑色。花期 2~6 月，果期 4~8 月。生于林中。

紫云英

黄耆属

Astragalus sinicus L.

二年生草本。多分枝，高 10~30cm。奇数羽状复叶，具 7~13 片小叶。花冠紫红色。荚果线状长圆形，稍弯曲。种子肾形。花期 2~6 月，果期 3~7 月。生于山坡、溪边及潮湿处，多栽培。

华南云实（南天藤） 云实属

Caesalpinia crista L.

攀缘灌木。二回羽状复叶；羽片对生，2~3(4) 对；小叶 4~6 对。总状花序；花瓣 5，黄色，其中一片具红纹。果卵形；种子 1 颗。花期 4~7 月，果期 7~12 月。生于山地林中。

绿花鸡血藤（绿花崖豆藤） 鸡血藤属

Callerya championii (Benth.) X. Y. Zhu

落叶乔木，高可达 16m。树冠开展。二回羽状复叶，羽片 4~12 对。头状花序于枝顶排成圆锥花序；花粉红色。荚果带状。花期 6~7 月，果期 8~10 月。生于山坡或栽培。

小叶云实 云实属

Caesalpinia millettii Hook. & Arn.

有刺藤本，被毛。小叶互生，长圆形，长 7~13mm，宽 4~5mm，先端圆钝。圆锥花序腋生，萼片 5，花瓣黄色。荚果倒卵形。花期 8~9 月，果期 12 月。生于山脚灌丛中或溪水旁。

灰毛鸡血藤（皱果崖豆藤） 鸡血藤属

Callerya cinerea (Benth.) Schot

攀缘灌木或藤本。羽状复叶长 15~25cm。圆锥花序顶生，花冠红色或紫色。荚果线状长圆形；种子圆形，径 1.4~1.8cm。花期 2~7 月，果期 8~11 月。生于山谷岩石、溪边灌丛间。

香花鸡血藤（香花崖豆藤） 鸡血藤属

Callerya dielsiana (Harms) P. K. Lôc ex Z. Wei & Pedley

攀缘灌木，高 2~5m。小叶叶片披针形，长圆形，长 5~15cm，宽 1.5~6cm。花冠紫红色。荚果线形至长圆形。花期 5~9 月，果期 6~11 月。生于山坡杂木林与灌丛中，或谷地、溪沟和路旁。

网络鸡血藤（网络崖豆藤） 鸡血藤属

Callerya reticulata (Benth.) Schot

藤本。羽状复叶；小叶 3~4 对，长圆形；小托叶针刺状。圆锥花序顶生或着生枝梢叶腋；花冠红紫色；雄蕊二体。荚果线形，瓣裂。花期 5~11 月。生于山地灌丛及沟谷。

亮叶鸡血藤（亮叶崖豆藤） 鸡血藤属

Callerya nitida (Benth.) R. Geesink

攀缘灌木。羽状复叶，小叶 2 对，卵状披针形。圆锥花序顶生，花萼钟状，花冠青紫色。荚果线状长圆形，被毛，具尖喙。花期 5~9 月，果期 7~11 月。生于山地疏林中。

舞草 舞草属

Codoriocalyx motorius (Houtt.) Ohashi

灌木，高达 1.5m。叶具 3 小叶，顶生小叶长椭圆形。圆锥花序或总状花序；花冠紫红色。荚果镰刀形或直。花期 7~9 月，果期 10~11 月。生于丘陵山坡或山沟灌丛中。

响铃豆　　猪屎豆属

Crotalaria albida B. Heyne ex Roth

多年生直立草本。单叶，倒卵形，长 1.5~4cm，宽 3~17mm；托叶刚毛状。总状花序，花冠淡黄色。荚果短圆柱形，长 1cm；种子 10~15 颗。花果期 5~12 月。生于荒地路旁及山坡疏林下。

秧青（南岭黄檀）　　黄檀属

Dalbergia assamica Benth.

乔木，高 6~15m。小叶 13~15 片，长圆形，长 2~4cm。圆锥花序长 5~10cm；花冠白色，内面有紫色条纹。荚果阔舌状。花期 4 月。生于山地疏林、河边或村旁旷野。

农吉利（野百合）　　猪屎豆属

Crotalaria sessiliflora L.

直立草本。单叶，叶片形状常变异较大，通常为线形或线状披针形。总状花序顶生，花冠蓝色或紫蓝色。荚果短圆柱形。花果期 5 月至翌年 2 月。生于荒地路旁及山谷草地。

两粤黄檀（两广黄檀）　　黄檀属

Dalbergia benthamii Prain

藤本。羽状复叶，小叶 2~3 对，卵形。圆锥花序腋生，花芳香，花萼钟状，花冠白色，旗瓣外反，荚果舌状长圆形。花期 2~4 月。生于疏林或灌丛中，常攀缘于树上。

藤黄檀

黄檀属

Dalbergia hancei Benth.

攀缘灌木。枝疏柔毛。小叶7~13片，顶端圆钝或微凹，基部圆形。总状花序；花冠绿白色。荚果扁平，长圆形或带状，无毛。花期4~5月。生于山坡灌丛中或山谷溪旁。

中南鱼藤

鱼藤属

Derris fordii Oliv.

攀缘状灌木。羽状复叶，小叶2~3对，长4~13cm，宽2~6cm，无毛。圆锥花序，花萼钟状，花冠白色。荚果长椭圆形；种子长肾形。花期4~5月，果期10~11月。生于山地路旁或林中。

黄檀

黄檀属

Dalbergia hupeana Hance

乔木，高10~20m。羽状复叶长15~25cm；小叶3~5对。花密集，花冠白色或淡紫色。种子肾形，长7~14mm，宽5~9mm。花期5~7月。生于山地林中或灌丛中、山沟溪旁及坡地。

假地豆

山蚂蝗属

Desmodium heterocarpon (L.) DC.

亚灌木。三出复叶；顶生小叶椭圆形。总状花序顶生或腋生；花萼钟形，4裂；花冠紫红色或白色。荚果较小，不开裂。花期7~10月，果期10~11月。生于山坡草地、灌丛或林中。

三点金

山蚂蝗属

Desmodium triflorum (L.) DC.

匍匐草本。三出复叶；小叶同型，倒三角形。花常单生或2~3朵簇生；花冠紫红色。荚果狭长圆形，略呈镰刀状。花果期6~10月。生于旷野草地、路旁或河边沙土上。

大叶千斤拔

千斤拔属

Flemingia macrophylla (Willd.) Kuntze ex Merr.

直立灌木，高0.8~2.5m。指状3小叶；顶生小叶宽披针形，侧生小叶偏斜。总状花序，花冠紫红色。荚果椭圆形。花期6~9月，果期10~12月。生长于旷野草地上、路旁和疏林阳处。

圆叶野扁豆

野扁豆属

Dunbaria rotundifolia (Lour.) Merr.

缠绕藤本。羽状3小叶，顶生小叶圆菱形，侧生小叶偏斜。花萼钟状，花冠黄色。荚果线状长椭圆形，先端具针状喙。果期9~10月。常生于山坡灌丛中和旷野草地上。

千斤拔

千斤拔属

Flemingia prostrata Roxb.

直立或披散亚灌木。叶具指状3小叶。总状花序腋生，花冠紫红色。荚果椭圆状；种子2颗，近圆球形，黑色。花果期夏秋季。生于平地旷野或山坡路旁草地上。

野大豆 大豆属

Glycine soja Siebold & Zucc.

一年生缠绕草本。叶具3小叶。顶生小叶卵圆形。总状花序通常短，花冠淡红紫色或白色。荚果长圆形。花期7~8月，果期8~10月。生于田边、园边、沟旁、草甸等处。

疏花长柄山蚂蝗 长柄山蚂蝗属

Hylodesmum laxum (DC.) H. Ohashi & R. R. Mill

直立草本。顶生小叶卵形，宽5~5.5cm；托叶三角状披针形，长约1cm，宽4mm。总状花序顶生或腋生，花冠粉红色。荚果。花果期8~10月。生于河边草地或林中溪旁。

侧序长柄山蚂蝗 长柄山蚂蝗属

Hylodesmum laterale (Schindl.) H. Ohashi & R. R. Mil

草本。叶通常不簇生，顶生小叶披针形，宽1.1~3cm。总状花序顶生或腋生，花冠粉红色。荚果，荚节较小，长6~7mm。花果期8~10月。生于河边草地或林中溪旁。

尖叶长柄山蚂蝗 长柄山蚂蝗属

Hylodesmum podocarpum (DC.) H. Ohashi & R. R. Mill subsp. *oxyphyllum* (DC.) H. Ohashi & R. R. Mill

直立草本。顶生小叶菱形，长4~8cm，宽2~3cm；托叶钻形。总状花序，花冠粉红色。荚果常有荚节2。花果期8~10月。生于山坡路旁、林缘或阔叶林中。

鸡眼草

鸡眼草属

Kummerowia striata (Thunb.) Schindl.

一年生草本。三出复叶；小叶有白色粗毛。花萼钟状，5裂；花冠粉红色或紫色。果倒卵形，长3.5~5mm。花期7~9月，果期8~10月。生于路旁、溪旁、砂质地或缓山坡草地。

中华胡枝子

胡枝子属

Lespedeza chinensis G. Don

小灌木。羽状复叶具3小叶，叶形多变，倒卵状长圆形、长圆形等。总状花序腋生；花冠白色或黄色。荚果卵圆形。花期8~9月，果期10~11月。生于路旁、山坡、林下草丛等处。

胡枝子

胡枝子属

Lespedeza bicolor Turcz.

直立灌木。羽状复叶具3小叶，小叶质薄，卵形。花萼5浅裂，花冠红紫色。荚果斜倒卵形。花期7~9月，果期9~10月。生于山坡、林缘、路旁、灌丛及杂木林间。

截叶铁扫帚

胡枝子属

Lespedeza cuneata (Dum.-Cours.) G. Don

小灌木。三出复叶；小叶长1~3cm，宽2~5mm，顶端截平，具小尖头。总状花序；花冠淡黄色或白色。荚果近球形。花期7~8月，果期9~10月。生于山坡路旁。

美丽胡枝子　　胡枝子属

Lespedeza thunbergii (DC.) Nakai subsp. *formosa* (Vogel) H. Ohashi

直立灌木，高 1~2m。3 小叶，小叶宽 1~3cm，顶端急尖或钝。总状花序；花紫红色。荚果倒卵形，表面具网纹且被毛。花期 7~9 月，果期 9~10 月。生于山坡、路旁及林缘灌丛中。

光荚含羞草　　含羞草属

Mimosa bimucronata (DC.) Kuntze

小乔木。二回羽状复叶；羽片 6~7 对；小叶 12~16 对，长 5~7mm，宽 1~1.5mm，被短柔毛。头状花序球形，花白色。荚果带状，无毛。花期 3~9 月，果期 10~11 月。逸生于疏林下。原产热带美洲。

厚果崖豆藤　　崖豆藤属

Millettia pachycarpa Benth.

藤本。羽状复叶；小叶 6~8 对，长圆状椭圆形。总状圆锥花序；花冠淡紫色。荚果肿胀，长圆形。花期 4~6 月，果期 6~11 月。生于山坡常绿阔叶林内。

小槐花　　小槐花属

Ohwia caudata (Thunb.) H. Ohashi

直立灌木。三出复叶。总状花序；花冠绿白色，具明显脉纹。荚果背缝线深凹入腹缝线，节荚呈斜三角形。花期 7~9 月，果期 9~11 月。生于山坡、路旁草地、林缘或林下。

花榈木　　红豆属

Ormosia henryi Prain

乔木。奇数羽状复叶，小叶长圆状椭圆形。花冠中央淡绿色，边缘绿色微带淡紫色。荚果扁平，长椭圆形。花期 7~8 月，果期 10~11 月。生于山坡、溪谷两旁杂木林内。

龙须藤　　羊蹄甲属

Phanera championii Benth.

藤本。植株具卷须。叶纸质，卵形或心形，上面无毛，下面被短柔毛。总状花序狭长；花瓣白色。荚果倒卵状长圆形。花期 6~10 月，果期 7~12 月。生于丘陵灌丛或山地林中。

荔枝叶红豆　　红豆属

Ormosia semicastrata f. *litchiifolia* F. C. How

乔木。奇数羽状复叶；小叶 2~3 对，有时达 4 对，椭圆形或披针形，上面光亮像荔枝叶。圆锥花序顶生；白色。荚果近圆形；种子鲜红色。花期 4~5 月。生于山坡、山谷杂木林中。

排钱树　　排钱树属

Phyllodium pulchellum (L.) Desv.

灌木，高 0.5~2m。羽状三出复叶；顶生小叶长 5~10cm。伞形花序藏于叶状苞片内，花冠白色或淡黄色。荚果有荚节。花期 7~9 月，果期 10~11 月。生于丘陵荒地、路旁或山坡疏林中。

葛　　葛属

Pueraria montana (Lour.) Merr.

粗壮藤本。羽状 3 小叶；小叶三裂；托叶基部着生。总状花序；花冠紫色，旗瓣长 10~18mm。荚果扁平，宽 8~11mm。花期 9~10 月，果期 11~12 月。生于山地疏或密林中。

粉葛　　葛属

Pueraria montana (Lour.) Merr. var. *thomsonii* (Benth.) M. R. Almeida

粗壮藤本。羽状三出复叶；顶生小叶长大于宽，小叶两面均被黄色粗伏毛。总状花序；花冠紫色，旗瓣圆形。果扁平。花期 7~9 月，果期 10~12 月。生于旷野灌丛中或山地疏林下。

葛麻姆　　葛属

Pueraria montana (Lour.) Merr. var. *lobata* (Willd.) Maesen & S. M. Almeida ex Sanjappa & Predeep

粗壮藤本。羽状三出复叶；顶生小叶宽卵形，长大于宽。总状花序；花冠紫色，旗瓣直径 8mm。果扁平，宽 6~8mm。花期 9~10 月，果期 11~12 月。生于山地疏或密林中。

三裂叶野葛　　葛属

Pueraria phaseoloides (Roxb.) Benth.

草质藤本。羽状复叶具 3 小叶；小叶宽卵形。总状花序单生；花冠浅蓝色或淡紫色。荚果圆柱形；种子长圆形。花期 8~9 月，果期 10~11 月。生于山地、丘陵的灌丛中。

决明

番泻决明属

Senna tora (L.) Roxb.

亚灌木状草本。偶数羽状复叶，小叶 3 对，倒卵状长椭圆形，每小叶间有 1 腺体。花腋生或聚生；花瓣黄色。果近四棱形。花果期 8~11 月。生于山坡、旷野。原产美洲。

野豇豆

豇豆属

Vigna vexillata (L.) A. Rich.

多年生攀缘或蔓生草本。具 3 小叶。花序腋生，旗瓣黄色，翼瓣紫色，龙骨瓣白色。荚果直立，线状圆柱形；种子长圆状肾形。花期 7~9 月。生于旷野、灌丛或疏林中。

（七十七） 远志科 Polygalaceae

华南远志（金不换）

远志属

Polygala chinensis L.

一年生直立草本，高 10~90cm。叶互生，叶片纸质，长 2.6~10cm，宽 1~1.5cm。总状花序腋上生，花瓣 3，淡黄色或白带淡红色。蒴果圆形。花期 4~10 月，果期 5~11 月。生于山坡草地或灌丛中。

黄花倒水莲（倒吊黄）

远志属

Polygala fallax Hemsl.

灌木或小乔木。叶片膜质，披针形至椭圆状披针形。总状花序；花瓣正黄色。蒴果阔倒心形至圆形；种子圆形，密被柔毛。花期 5~8 月，果期 8~10 月。生于山谷林下水旁阴湿处。

（七十八） 蔷薇科 Rosaceae

小花龙牙草 龙芽草属

Agrimonia nipponica Koidz. var. *occidentalis* Skalický ex J. E. Vidal

多年生草本。茎被毛。下部叶小叶 3 对，中部叶具小叶 2 对。花小，黄色。果实小，萼筒钟状，顶端具钩刺。花果期 8~11 月。生于山坡草地、山谷溪边、灌丛、林缘及疏林下。

龙芽草 龙芽草属

Agrimonia pilosa Ledeb.

多年生草本。奇数羽状复叶，通常有小叶 3~4 对；小叶片叶形多变。花序顶生，花黄色。果实倒卵圆锥形。花果期 5~12 月。生于溪边、路旁、草地、灌丛、林缘。

钟花樱桃（福建山樱花） 樱属

Cerasus campanulata (Maxim.) A. N. Vassiljeva

落叶乔木或灌木。叶长 4~7cm，有急尖锯齿；叶柄顶端常有 2 腺体。萼筒钟状；花瓣倒卵状长圆形，粉红色。核果卵圆形。花期 2~3 月，果期 4~5 月。生于山谷林中及林缘。

皱果蛇莓 蛇莓属

Duchesnea chrysantha (Zoll. & Moritzi) Miq.

多年生草本。小叶片菱形、倒卵形或卵形。花瓣倒卵形，黄色。瘦果卵形，红色，具多数显明皱纹，无光泽。花期 5~7 月，果期 6~9 月。生于草地。

蛇莓 蛇莓属

Duchesnea indica (Andr.) Focke

多年生草本。小叶片倒卵形至菱状长圆形；托叶狭卵形至宽披针形。花单生于叶腋，黄色。瘦果卵形。花期 6~8 月，果期 8~10 月。生于山坡、河岸、草地。

毛背桂樱 桂樱属

Laurocerasus hypotricha (Rehder) T. T. Yu & L. T. Lu

常绿乔木。叶片革质，椭圆形或椭圆状长圆形。总状花序常单生，花白色。果实卵状长圆形。花期 9~10 月，果期 11~12 月。生于山坡、山谷或溪边疏林内。

香花枇杷 枇杷属

Eriobotrya fragrans Champ. ex Benth.

小乔木或灌木。单叶互生，长圆状椭圆形，长 7~15cm，侧脉 9~11 对。圆锥花序；花瓣白色。果实球形，表面颗粒状突起。花期 4~5 月，果期 8~9 月。生于山坡丛林中。

腺叶桂樱 桂樱属

Laurocerasus phaeosticta (Hance) C. K. Schneid.

常绿灌木或小乔木。叶互生，狭椭圆形，长 6~12cm，下面散生腺点，基部 2 腺体。总状花序，花白色。果实近球形。花期 4~5 月，果期 7~10 月。生于林中、山谷、溪旁或路边。

刺叶桂樱

桂樱属

Laurocerasus spinulosa (Siebold & Zucc.) C. K. Schneid.

常绿乔木。单叶，长圆形，边缘波状。总状花序生于叶腋，花瓣圆形白色。果实椭圆形。花期9~10月，果期11~3月。生于山坡阳处疏密杂木林中或山谷及林缘。

中华石楠

石楠属

Photinia beauverdiana C. K. Schneid.

落叶灌木或小乔木。叶片薄纸质，长圆形、倒卵状长圆形或卵状披针形。复伞房花序，花瓣白色。果实卵形；果梗长1~2cm。花期5月，果期7~8月。生于山坡或山谷林下。

大叶桂樱

桂樱属

Laurocerasus zippeliana (Miq.) Browicz

常绿乔木。叶互生，宽卵形，长10~19cm，宽4~8cm，具粗锯齿；叶柄具2腺体。总状花序，花白色。果实长圆形。花期7~10月，果期冬季。生于石灰岩山地阳坡杂木林中或混交林下。

贵州石楠

石楠属

Photinia bodinieri H. L é v.

乔木。叶片革质，卵形、倒卵形，边缘有锐锯齿，长4.5~9cm，宽1.5~4cm。复伞房花序顶生，花瓣白色，近圆形。花期5月，果期秋季。生于林中。

光叶石楠

石楠属

Photinia glabra (Thunb.) Maxim.

常绿乔木。叶片革质，椭圆形，幼时及老时皆呈红色。花多数，成顶生复伞房花序；花瓣白色。果实卵形，红色，无毛。花期4~5月，果期9~10月。生于山坡杂木林中。

绒毛石楠

石楠属

Photinia schneideriana Rehder & E. H. Wilson

灌木或小乔木。叶片长圆披针形或长椭圆形。花多数，成顶生复伞房花序，花瓣白色。果实卵形；种子黑褐色。花期5月，果期10月。生于疏林中。

桃叶石楠

石楠属

Photinia prunifolia (Hook. & Arn.) Lindl.

常绿乔木。叶椭圆形，长7~13cm，宽3~5cm，侧脉10~15对，叶背密被疣点。伞房花序，花瓣白色，倒卵形。果椭圆形。花期3~4月，果期10~11月。生于疏林中。

毛叶石楠

石楠属

Photinia villosa (Thunb.) DC.

落叶灌木或小乔木。叶片草质，倒卵形或长圆倒卵形。花10~20朵，成顶生伞房花序；花瓣白色，近圆形。果实椭圆形，红色。花期4月，果期8~9月。生于山坡灌丛中。

蛇含委陵菜 委陵菜属

Potentilla kleiniana Wight & Arn.

一年生、二年生或多年生宿根草本。基生叶为近于鸟足状5小叶。聚伞花序密集枝顶如假伞形；花瓣黄色。瘦果近圆形。花果期4~9月。生于田边、水旁、草甸及山坡草地。

豆梨 梨属

Pyrus calleryana Decne.

乔木，高5~8m。叶片宽卵形至卵形，长4~8cm，宽3.5~6cm，边缘有钝锯齿。伞形总状花序；花瓣卵形，白色。梨果球形。花期4月，果期8~9月。生于山坡、平原或山谷杂木林中。

臀果木（臀形果） 臀果木属

Pygeum topengii Merr.

乔木，高可达20m。叶互生，卵状椭圆形，长6~12cm，近基部有2枚黑色腺体。总状花序，花白色。果实肾形。花期6~9月，果期冬季。常见于山谷、路边、溪旁或疏密林内及林缘。

锈毛石斑木 石斑木属

Rhaphiolepis ferruginea F. P. Metcalf

常绿乔木或灌木。小枝圆柱形，密被锈色茸毛。叶片椭圆形。圆锥状花序顶生；花瓣白色，卵状长圆形。果实球形，黑色。花期4~6月，果期10月。生于山坡或路旁疏林中。

齿叶锈毛石斑木 石斑木属

Rhaphiolepis ferruginea F. P. Metcalf

常绿乔木或灌木。叶片边缘中部以上有明显的锯齿，被稀疏锈色短柔毛。圆锥状花序顶生；花瓣白色。果实球形。花期 4~6 月，果期 10 月。生于水旁或山坡疏林中。

小果蔷薇 蔷薇属

Rosa cymosa Tratt.

攀缘灌木。小枝有钩状皮刺。小叶长 2.5~6cm，宽 8~25mm。复伞房花序，花瓣白色，倒卵形。果球形。花期 5~6 月，果期 7~11 月。生于向阳山坡、路旁、溪边或丘陵地。

石斑木（春花） 石斑木属

Rhaphiolepis indica (L.) Lindl. ex Ker Gawl.

常绿灌木。叶常聚生枝顶，卵形，长 2~8cm，宽 1.5~4cm，边缘细锯齿。圆锥或总状花序顶生；花瓣 5，白色。果球形。花期 4 月，果期 7~8 月。生于山坡、路边或溪边灌木林中。

毛叶山木香 蔷薇属

Rosa cymosa Tratt. var. *puberula* T. T. Yu & T. C. Ku

攀缘灌木。小枝、皮刺、叶轴、叶柄、叶片上下两面均密被短柔毛。小叶片卵状披针形。复伞房花序；花瓣白色。果球形。花期 5~6 月，果期 7~11 月。生于向阳山坡、路旁或丘陵地。

软条七蔷薇（华中蔷薇）　　蔷薇属

Rosa henryi Boulenger

灌木。小枝有短扁、弯曲皮刺或无刺。小叶通常 5，小叶片多变，长圆形、椭圆形或椭圆状卵形。伞形伞房状花序；花瓣白色。果近球形。生于山谷、林边、田边或灌丛。

粉团蔷薇　　蔷薇属

Rosa multiflora Thunb. var. *cathayensis* Rehder & E. H. Wilson

攀缘灌木。小叶片倒卵形、长圆形或卵形。花多朵，排成圆锥状花序，花为粉红色，单瓣。果近球形，直径 6~8mm。花期 5~7 月，果期 10 月。多生于山坡、灌丛或河边等处。

金樱子　　蔷薇属

Rosa laevigata Michx.

攀缘灌木。奇数羽状复叶；小叶椭圆状卵形至披针卵形，有锐锯齿。花单生叶腋；花大，白色。果梨形或倒卵圆形。花期 4~6 月，果期 7~11 月。生于向阳的山野、田边、灌木丛中。

悬钩子蔷薇　　蔷薇属

Rosa rubus H. Lév. & Vaniot

匍匐灌木。小叶片卵状椭圆形、倒卵形或和圆形。花 10~25 朵，排成圆锥状伞房花序。果近球形。花期 4~6 月，果期 7~9 月。生于生山坡、路旁、草地或灌丛中。

粗叶悬钩子

悬钩子属

Rubus alceifolius Poir.

攀缘灌木。全株被锈色长柔毛。单叶，近圆形，边不规则 3~7 裂。顶生狭圆锥花序或近总状；花瓣白色。聚合果红色。 花期 7~9 月，果期 10~11 月。生于山坡、山谷杂木林内或灌丛中。

小柱悬钩子

悬钩子属

Rubus columellaris Tutcher

攀缘灌木。小叶 3 枚，椭圆形或长卵状披针形。伞房状花序；花瓣匙状长圆形，白色。果实近球形，橘红色或褐黄色。花期 4~5 月，果期 6 月。生于山坡、山谷疏密杂木林内。

寒莓

悬钩子属

Rubus buergeri Miq.

小灌木。茎、花枝密被长柔毛，无刺或疏小刺。单叶，卵形，基部心形。总状花序，白色。果实近球形，紫黑色。花期 7~8 月，果期 9~10 月。生于阔叶林下或山地疏密杂木林内。

山莓

悬钩子属

Rubus corchorifolius L. f.

灌木。单叶，卵形，叶面脉被毛，背面幼时密被柔毛。花单生或数朵生短枝，白色。果实红色。花期 2~3 月，果期 4~6 月。生于向阳山坡、溪边、山谷、荒地和疏密灌丛。

高粱泡

悬钩子属

Rubus lambertianus Ser.

攀缘灌木。幼枝被柔毛和小钩刺。单叶，卵形，波状浅裂。圆锥花序，花白色。果实由多数小核果组成，熟时红色。花期 7~8 月，果期 9~11 月。生于山坡、山谷或路旁灌木丛中。

茅莓

悬钩子属

Rubus parvifolius L.

灌木。被柔毛和钩状皮刺。小叶 3~5，菱状圆卵形，具齿。伞房花序顶生或腋生；花粉红色至紫红色。果卵圆形红色。花期 5~6 月，果期 7~8 月。生于山坡杂木林下、山谷、路旁或荒野。

白花悬钩子

悬钩子属

Rubus leucanthus Hance

攀缘灌木。3 小叶，小叶卵形或椭圆形，两面无毛，侧脉 5~8 对。花 3~8 朵形成伞房状花序，无毛；花瓣白色。聚合果红色。花期 4~5 月，果期 6~7 月。生于疏林中或旷野。

梨叶悬钩子

悬钩子属

Rubus pirifolius Sm.

攀缘灌木。小枝被粗毛，具刺。单叶，卵形，两面脉上被柔毛。圆锥花序，白色。果实由数个小核果组成，红色。花期 4~7 月，果期 8~10 月。生于山地较荫蔽处。

大乌泡　　悬钩子属

Rubus pluribracteatus L. T. Lu & Boufford

灌木。单叶，近圆形。顶生狭圆锥花序或总状花序，腋生花序为总状；花瓣倒卵形，白色。果实球形。花期 4~6 月，果期 8~9 月。生于山坡、灌木林内、林缘及路边。

锈毛莓　　悬钩子属

Rubus reflexus Ker Gawl.

攀缘灌木。单叶，心状长卵形，长 7~14cm，宽 5~11cm，边缘 3~5 裂。短总状花序；花瓣白色。果实近球形，深红色。花期 6~7 月，果期 8~9 月。生于山坡、山谷灌丛或疏林中。

浅裂锈毛莓　　悬钩子属

Rubus reflexus Ker Gawl. var. *hui* (Diels ex Hu) F. P. Metcalf

攀缘灌木。枝被锈色茸毛，具疏小皮刺。单叶，叶心状阔卵形，长 8~13cm，宽 7~12cm，裂片急尖。花白色。果近球形。花期 6~7 月，果期 8~9 月。生于山坡灌丛、疏林或山谷溪流旁。

深裂锈毛莓（深裂悬钩子）　　悬钩子属

Rubus reflexus Ker Gawl. var. *lanceolobus* F. P. Metcalf

攀缘灌木。枝被茸毛，具疏小皮刺。单叶，心状宽卵形或近圆形，边缘 5~7 深裂，裂片披针形。花瓣白色。果实近球形。花期 6~7 月，果期 8~9 月。生于山谷或水沟边疏林中。

空心泡（空心藨） 悬钩子属

Rubus rosifolius Sm.

直立灌木，高 50cm。小叶宽卵形至椭圆状卵形，顶生小叶比侧生叶大。花单生或成对，白色。果实椭圆形，红色，有光泽。花期 3~5 月，果期 6~7 月。生于山地杂木林内阴处、草坡。

木莓 悬钩子属

Rubus swinhoei Hance

落叶或半常绿灌木。单叶，宽卵形至长圆披针形，长 5~11cm。总状花序，花白色；花梗、花萼被紫褐色腺毛及小刺。果实成熟时黑紫色。花期 5~6 月，果期 7~8 月。生于山坡疏林、灌丛或杂木林下。

红腺悬钩子 悬钩子属

Rubus sumatranus Miq.

直立或攀缘灌木。小枝、叶轴等被紫红色腺毛和皮刺。小叶 5~7 枚，长 3~8cm，边缘具齿。伞房状花序，花白色。果实长圆形，橘红色。花期 4~6 月，果期 7~8 月。生于山谷林内、林缘、灌丛中。

石灰花楸 花楸属

Sorbus folgneri (C. K. Schneid.) Rehder

乔木，高达 10m。叶片卵形至椭圆卵形，长 5~8cm，宽 2~3.5cm。复伞房花序，花瓣卵形，先端圆钝，白色。果实椭圆形，红色。花期 4~5 月，果期 7~8 月。生于山坡杂木林中。

（七十九）胡颓子科 Elaeagnaceae

蔓胡颓子　　胡颓子属

Elaeagnus glabra Thunb.

常绿蔓生或攀缘灌木。叶革质或薄革质，卵状椭圆形，微反卷。花淡白色，下垂。果实矩圆形，被锈色鳞片，成熟时红色。花期9~11月，果期翌年4~5月。生于向阳林中或林缘。

宜昌胡颓子　　胡颓子属

Elaeagnus henryi Warburg ex Diels

常绿直立灌木，高3~5m。具刺。叶革质至厚革质，阔椭圆形。花淡白色。果实矩圆形，成熟时红色。花期10~11月，果期翌年4月。生于疏林或灌丛中。

（八十）鼠李科 Rhamnaceae

多花勾儿茶　　勾儿茶属

Berchemia floribunda (Wall.) Brongn.

藤状灌木。叶纸质，卵形，长4~9cm，宽2~5cm，聚伞圆锥花序，花淡黄色。核果圆柱状椭圆形，成熟时黑色。花期7~10月，果期翌年4~7月。生于山坡、林缘、林下或灌丛中。

铁包金　　勾儿茶属

Berchemia lineata (L.) DC.

藤状或矮灌木，高达2m。叶椭圆形，1~2cm，宽4~15mm。聚伞总状花序，花白色。核果圆柱形，成熟时黑色。花期7~10月，果期11月。生于山野、路旁或开旷地上。

长叶冻绿（黄药）

鼠李属

Frangula crenata (Siebold & Zucc.) Miq.

落叶灌木或小乔木。无短枝，无刺。叶倒卵形，长 4~8cm，宽 2~4cm。聚伞花序被柔毛，花白色。核果球形，成熟时黑色。花期 5~8 月，果期 8~10 月。生于山地林下或灌丛中。

马甲子

马甲子属

Paliurus ramosissimus (Lour.) Poir.

灌木。叶圆形，长 3~7cm，宽 2.2~5cm；叶柄基部 2 针刺。腋生聚伞花序，花淡黄色。核果杯状，周围具木栓质 3 浅裂的窄翅。花期 5~8 月，果期 9~10 月。生于山地和平原，野生或栽培。

枳椇

枳椇属

Hovenia acerba Lindl.

高大乔木，高10~25m。叶宽卵形，长8~17cm，边缘常具锯齿。聚伞圆锥花序，花淡青黄色。果近球形，果序轴明显膨大。花期 5~7 月，果期 8~10 月。生于山坡林缘或疏林中。多人工栽培。

尼泊尔鼠李

鼠李属

Rhamnus napalensis (Wall.) M. A. Lawson

常绿直立灌木。叶革质至厚革质，阔椭圆形，下面银白色。聚伞圆锥花序，花淡白色。果实矩圆形，多汁，成熟后红色。花期 10~11 月，果期翌年 4 月。生于林中及灌丛中。

钩刺雀梅藤

雀梅藤属

Sageretia hamosa (Wall.) Brongn.

藤状灌木。小枝常具钩状下弯的粗刺。叶革质，长 9~20cm，宽 4~7cm。花绿色，无梗，苞片小，卵形。核果近球形，成熟时深红色，常被白粉。花期 7~8 月，果期 8~10 月。生于山坡灌丛或林中。

雀梅藤

雀梅藤属

Sageretia thea (Osbeck) M. C. Johnst.

灌木。叶圆形、椭圆形，长 1~4cm，宽 7~25mm，背面被毛。花瓣淡黄色，顶端 2 浅裂。核果近圆球形，成熟后紫黑色。花期 7~11 月，果期翌年 3~5 月。生于丘陵、山地林下或灌丛中。

亮叶雀梅藤

雀梅藤属

Sageretia lucida Merr.

藤状灌木。叶薄互生或近对生，卵状矩圆形或卵状椭圆形。花绿色，无梗或近无梗；花瓣兜状。核果较大，椭圆状卵形，成熟时红色。花期 4~7 月，果期 9~12 月。生于山谷疏林中。

翼核果

翼核果属

Ventilago leiocarpa Benth.

藤状灌木。单叶互生，卵状矩圆形，长 4~8cm。花单生或数个簇生于叶腋，淡黄绿色。核果近球形，顶部具翅，翅长圆形，长 3~5cm。花期 3~5 月，果期 4~7 月。生于疏林下或灌丛中。

（八十一） 榆科 Ulmaceae

紫弹树（黑弹朴） 朴属

Celtis biondii Pamp.

落叶小乔木至乔木。叶宽卵形、卵形至卵状椭圆形，长 2.5~7cm，宽 2~3.5cm。花小。果近球形，黄色至橘红色。花期 4~5 月，果期 9~10 月。多生于山地灌丛或杂木林中。

西川朴（四川朴） 朴属

Celtis vandervoetiana C. K. Schneid.

落叶乔木。叶厚纸质，卵状椭圆形至卵状长圆形，长 8~13cm，宽 3.5~7.5cm，基部稍不对称。果球形，成熟时黄色。花期 4 月，果期 9~10 月。生于山谷阴处、林中。

朴树 朴属

Celtis sinensis Pers.

落叶乔木。单叶互生，基部明显三出脉，叶脉在未达边之前弯曲。花小，淡黄色。核果球形，成熟后橘黄色。花期 3~4 月，果期 9~10 月。生于路旁、山坡、林缘。

光叶山黄麻 山黄麻属

Trema cannabina Lour.

灌木或小乔木。叶卵形，长 4~10cm，宽 1.8~4cm，边缘具齿。花单性，花淡黄色，雌雄同株。核果近球形。花期 3~6 月，果期 9~10 月。生于河边、旷野或山坡疏林。

山油麻

山黄麻属

Trema cannabina var. *dielsiana* (Hand.-Mazz.) C. J. Chen

乔木。小枝密被粗毛。叶长3~10cm，宽1.5~5cm，粗糙。聚伞花序；雄花具紫斑点。核果近球形。花期3~6月，果期9~10月。生于向阳山坡灌丛中。

多脉榆

榆属

Ulmus castaneifolia Hemsl.

落叶乔木，高达20m。叶长圆状椭圆形，长8~15cm，宽3.5~6.5cm。簇状聚伞花序。翅果长圆状倒卵形、倒三角状倒卵形或倒卵形。花果期3~4月。生于山坡及山谷的阔叶林中。

（八十二）大麻科 Cannabaceae

葎草

葎草属

Humulus scandens (Lour.) Merr.

缠绕草本。具倒钩刺。叶掌状5~7深裂，表面粗糙。雄花小，黄绿色，圆锥花序；雌花序球果状，苞片三角形。瘦果。花期春夏，果期秋季。常生于沟边、荒地、废墟、林缘边。

（八十三）桑科 Moraceae

白桂木

波罗蜜属

Artocarpus hypargyreus Hance ex Benth.

大乔木，高达10m。叶互生，倒卵状长圆形，长7~22cm，宽3~8.5cm。花序单生；雄花花被4裂。聚花果近球形，浅黄色至橙黄色。花期春夏。生于常绿阔叶林中。

二色波罗蜜（小叶胭脂）　波罗蜜属

Artocarpus styracifolius Pierre

乔木。叶互生，二列，长 3.5~12.5cm，宽 1.5~3.5cm，背面被苍白粉末状毛。雌雄同株，花序单生叶腋。聚花果球形，直径 4cm。花期秋初，果期秋末冬初。生于林中。

构树　构属

Broussonetia papyrifera (L.) L'Hér. ex Vent.

落叶乔木。叶螺旋状排列，边缘具粗锯齿，被毛。雌雄异株；雄花序为柔荑花序；雌花序球形头状。聚花果肉质，熟时橙红色。花期 4~5 月，果期 6~7 月。野生或栽培。

藤构（葡蟠）　构属

Broussonetia kaempferi Siebold var. *australis* T. Suzuki

蔓生藤状灌木。叶互生，螺旋状排列，近对称的卵状椭圆形，长 3.5~8cm。雌花集生为球形头状花序。聚花果直径 1cm。花期 4~6 月，果期 5~7 月。生于山谷灌丛中或沟边山坡路旁。

石榕树　榕属

Ficus abelii Miq.

灌木，高 1~2.5m。叶长 2.5~12cm，宽 1~4cm，叶背密被毛。雄花散生榕果内壁；雌花无花被。果梨形，肉质，直径 5~17mm。花期 5~7 月。生于灌丛中、山坡溪边灌丛及溪边。

矮小天仙果（天仙果）　榕属

Ficus erecta Thunb.

落叶小乔木或灌木。叶椭圆状倒卵形，长 6~22cm，宽 3~13cm，叶面稍粗糙，基部心形。雌花花被片 4~6，宽匙形。榕果单生叶腋，球形，无毛，直径 1.5cm，成熟时红色。

台湾榕（窄叶台湾榕）　榕属

Ficus formosana Maxim.

常绿灌木，高 1.5~3m。叶倒披针形，长 4~12cm，宽 1.5~3.5cm，叶面有瘤体。雄花散生榕果内壁。果卵形，直径 6~8mm。花期 4~7 月。多生于溪沟旁湿润处。

黄毛榕　榕属

Ficus esquiroliana H. Lév.

小乔木。叶互生，广卵形，长 10~27cm，宽 8~25cm。雄花生榕果内壁口部。果着生叶腋内，直径 2~3cm，表面有瘤体。花期 5~7 月，果期 7 月。生于山坡林下或溪边。

长叶冠毛榕　榕属

Ficus gasparriniana Miq. var. *esquirolii* (H. Lév. & Vaniot) Corner

灌木。叶披针形，背面微被柔毛，侧脉 8~18 对。榕果球形至椭圆状球形，直径 10mm 或更大。花期 5~7 月。生于沟边或山坡灌丛中。

粗叶榕（五指毛桃）

榕属

Ficus hirta Vahl

常绿灌木或小乔木。全株被长硬毛。本种叶型变异极大；叶互生，卵形，长6~33cm，宽2~30cm，不裂至3~5裂，边缘有锯齿。果直径1~2cm。生于山坡林边。

青藤公

榕属

Ficus langkokensis Drake

乔木。叶互生，椭圆状披针形，三出脉，长7~19cm，宽2~7cm，基部不对称，叶背红褐色。榕果成对或单生于叶腋，球形，径5~12mm。生于山谷林中或沟边。

对叶榕

榕属

Ficus hispida L. f.

灌木或小乔木。叶通常对生，厚纸质，卵状长椭圆形或倒卵状矩圆形。榕果陀螺形，成熟黄色；雄花生于其内壁口部。花果期6~7月。喜生于沟谷潮湿地带。

琴叶榕（全缘榕）

榕属

Ficus pandurata Hance

小灌木。叶提琴形或倒卵形，长3~15cm，宽1.2~6cm，背面叶脉有疏毛和小瘤点；叶柄疏被糙毛。果梨形，直径6~10mm。花期6~8月。生于山地、旷野或灌丛林下。

薜荔

榕属

Ficus pumila L.

攀缘或匍匐藤本。枝二型，不结果枝节叶卵状心形；结果枝上叶卵状椭圆形，长 4~12cm，宽 1.5~4.5cm。果倒锥形，直径 3~4cm。花果期 5~8 月。多攀附在大树上、断墙残壁、庭院围墙等。

笔管榕

榕属

Ficus subpisocarpa Gagnep.

落叶乔木。叶互生或簇生，长圆形，6~15cm，宽 2~7cm，边缘微波状。总花梗长 2~5mm。果扁球形，直径 5~8mm。花期 4~6 月。生于平原或村庄。

珍珠莲

榕属

Ficus sarmentosa Buch.-Ham. ex J. E. Sm. var. *henryi* (King ex D. Oliv.) Corner

攀缘藤状灌木。叶长圆状披针形，长 6~25cm，宽 2~9cm，背面密被褐色长柔毛，小脉网结成蜂窝状。榕果成对腋生，圆锥形，被长毛。常生于阔叶林下或灌木丛中。

变叶榕

榕属

Ficus variolosa Lindl. ex Benth.

常绿灌木或小乔木。叶薄狭椭圆形至椭圆状披针形，长 4~15cm，宽 1.2~5.7cm，边脉连结。瘦果直径 5~15mm，表面具瘤体。花期 12 月至翌年 6 月。常生于溪边林下潮湿处。

黄葛树（黄葛榕）　榕属

Ficus virens Dryand.

落叶或半落叶乔木。有板根或支柱根。单叶，叶近披针形，长可达 20cm，先端渐尖。榕果无总梗，成熟时紫红色。花果期 4~7 月。常作行道树。

桑　桑属

Morus alba L.

乔木或灌木。叶面光滑无毛，长达 19cm，宽达 11.5cm；叶柄长达 6cm。雌雄花序均穗状；雄蕊序长 2~3.5cm。聚花果卵状椭圆，成熟时紫黑色。花期 4~5 月，果期 5~8 月。人工栽培。

构棘（葨芝、穿破石）　柘属

Maclura cochinchinensis (Lour.) Corner

直立或攀缘状灌木。叶革质，长圆形，长 3~8cm，宽 2~2.5cm。花雌雄异株，球形头状花序，淡黄绿色。聚合果成熟时橙红色。花期 4~5 月，果期 6~7 月。生于村庄附近或荒野。

鸡桑　桑属

Morus australis Poir.

灌木或小乔木。叶长 3~9cm，宽 2~5.5cm；边缘常 3~5 裂。雄蕊序长 1.5~2cm，雌花花被片暗绿色。聚花果短椭圆形，成熟时暗紫色。花期 3~4 月，果期 4~5 月。生于山地或林缘及荒地。

长穗桑

桑属

Morus wittiorum Hand.-Hazz.

落叶乔木或灌木。叶纸质，长圆形至宽椭圆形，基生叶脉三出。花雌雄异株，穗状花序具柄。聚花果狭圆筒形，长 10~16cm。花期 4~5 月，果期 5~6 月。生于山坡疏林中或山脚沟边。

密球苎麻

苎麻属

Boehmeria densiglomerata W. T. Wang

多年生草本。茎高 32~46cm。叶对生；叶片草质，心形或圆卵形。雄性花序分枝，雌性花序不分枝，穗状。瘦果卵球形或狭倒卵球形，光滑。花期 6~8 月。生于山谷沟边或林中。

（八十四） 荨麻科 Urticaceae

舌柱麻

舌柱麻属

Archiboehmeria atrata (Gagnep.) C. J. Chen

灌木或半灌木。叶卵形至披针形，全缘，三基出脉。花单性，雄花序生下部叶腋，雌花序生上部。瘦果卵形。花期 5~8 月，果期 8~10 月。生于疏林中或石缝内。

海岛苎麻

苎麻属

Boehmeria formosana Hayata

多年生草本或亚灌木。茎四棱。叶对生，椭圆形，长 6~16cm，宽 2~6cm，边缘具粗锯齿。穗状花序通常单性，雌雄异株，不分枝。瘦果近球形。花期 7~8 月。生于疏林下、灌丛中或沟边。

野线麻（大叶苎麻）

苎麻属

Boehmeria japonica (L. f.) Miq.

亚灌木或多年生草本。叶对生，叶片纸质，圆卵形，长 3~7cm，宽 2~6cm。雌雄异株，穗状花序单生叶腋。瘦果倒卵球形，光滑。花期 6~9 月。生于丘陵、山坡草地、灌丛或沟边。

小赤麻

苎麻属

Boehmeria spicata (Thunb.) Thunb.

多年生草本或亚灌木。茎高 40~100cm，常分枝。叶对生，叶片薄草质，卵状菱形。穗状花序单生叶腋，雌雄异株，或雌雄同株。花期 6~8 月。生于丘陵或低山草坡、石上、沟边。

苎麻

苎麻属

Boehmeria nivea (L.) Gaudich.

灌木或亚灌木，高 0.5~1.5m。叶互生，圆卵形，长 6~15cm，宽 4~11cm，顶端骤尖，叶背密被雪白色毡毛。圆锥花序腋生。瘦果近球形。花期 8~10 月。生于山谷林边或草坡。

渐尖楼梯草

楼梯草属

Elatostema acuminatum (Poir.) Brongn.

亚灌木草本。茎高约 40cm，多分枝，无毛。叶片草质，斜狭椭圆形，长 2~10cm，宽 0.9~3.4cm。花序雌雄异株或同株。瘦果椭圆球形。花期 12 月至翌年 5 月。生于山谷密林中。

华南楼梯草

楼梯草属

Elatostema balansae Gagenp.

多年生草本。茎高 20~40cm。叶片草质，斜椭圆形，长 6~17cm，宽 3~6cm。花序雌雄异株；雄花序单生叶腋；雌花序 1~2 个腋生。瘦果椭圆球形。花期 4~6 月。生于山谷林中或沟边阴湿地。

多序楼梯草

楼梯草属

Elatostema macintyrei Dunn

亚灌木草本。茎高 30~100cm，常分枝。叶片坚纸质，斜椭圆形，长 10~18cm，宽 4.5~7.6cm。花序雌雄异株；雄花序数个腋生。瘦果椭圆球形。花期春季。生于山谷林中或沟边阴处。

楼梯草

楼梯草属

Elatostema involucratum Franch. & Sav.

多年生草本。茎肉质，高 25~60cm。叶互生，斜长圆形，长 8~15cm，宽 2~6cm，顶端渐尖，不对称。花序雌雄同株或异株。瘦果狭椭圆球形。花期 5~10 月。生于山谷沟边石上、林中或灌丛中。

糯米团

糯米团属

Gonostegia hirta (Blume ex Hassk.) Miq.

多年生草本。茎蔓生，长 50~100cm。叶对生，草质或纸质，宽披针形至狭披针形，长 3~10cm，宽 1.2~12.8cm。团伞花序腋生。瘦果卵球形。花期 5~9 月。生于丘陵或低山林中、沟边草地。

毛花点草

花点草属

Nanocnide lobata Wedd.

一年生或多年生草本。茎柔软，常半透明，长17~40cm。叶宽卵形至三角状卵形。雄花序常生于枝的上部叶腋；雌花为团聚伞花序。花期4~6月，果期6~8月。生于山谷溪旁和石缝、路旁草丛中。

华南赤车

赤车属

Pellionia grijsii Hance

多年生草本。茎高40~70cm，不分枝。叶草质，斜长椭圆形，不对称，长10~16cm，宽3~6cm。瘦果椭圆球形，有小瘤状突起。花期冬季至翌年春季。生于山谷林下、石上或沟边。

紫麻

紫麻属

Oreocnide frutescens (Thunb.) Miq.

灌木稀小乔木，高1~3。小枝褐紫色。叶卵状长圆形，长5~17cm，宽1.5~7cm。团伞花序呈簇生状；花被片3。瘦果卵球状。花期3~5月，果期6~10月。生于山谷和林缘半阴湿处或石缝。

异被赤车

赤车属

Pellionia heteroloba Wedd.

多年生草本。茎高30~60cm。通常不分枝。叶互生，斜长圆形，长8~15cm。花序雌雄异株。瘦果狭椭圆球形，有小瘤状突起。花期冬季至春季。生于山地林下、石上或溪边阴湿处。

赤车（长茎赤车）

赤车属

Pellionia radicans (Siebold & Zucc.) Wedd.

多年生草本。茎长 20~60cm，无分枝。叶片草质，斜狭卵形，长 2~5cm，宽 1~2cm，不对称，边缘波状齿。雌雄异株。瘦果近椭圆球形。花期 5~10 月。生于林下、灌丛中阴湿处或溪边。

湿生冷水花

冷水花属

Pilea aquarum Dunn

草本。具匍匐的根状茎。茎肉质，带红色，高 10~30cm。叶同对的近等大，宽椭圆形。花雌雄异株；雄花序聚伞圆锥状；雌花序聚伞状。花期 3~5 月，果期 4~6 月。生于山沟水边阴湿处。

蔓赤车

赤车属

Pellionia scabra Benth.

亚灌木草本。茎直立或渐升，高 50~100cm。叶草质，斜菱状披针形，长 2~8cm，宽 1~3cm，不对称。花通常雌雄异株；雌花序密集。瘦果近椭圆球形。花期春季至夏季。生于山谷溪边或林中。

大叶冷水花

冷水花属

Pilea martinii (H. Lév.) Hand.-Mazz.

多年生草本。茎肉质，高 30~100cm。叶近膜质，同对的常不等大，两侧不对称，长 7~20cm，宽 3.5~12cm，边缘有齿。花雌雄异株。瘦果狭卵形。花期 5~9 月，果期 8~10 月。生于山坡林下沟旁阴湿处。

小叶冷水花　　冷水花属

Pilea microphylla (L.) Liebm.

肉质小草本。叶同对不等大，倒卵形，长 5~20mm，宽 2~5mm。聚伞花序密集成近头状；花被片 4，卵形。瘦果卵形。花期夏秋季，果期秋季。常生长于路边石缝和墙上阴湿处。

透茎冷水花　　冷水花属

Pilea pumila (L.) A. Gray

一年生草本。茎肉质，直立，高 5~50cm。叶近膜质，长 1~9cm，宽 0.6~5cm。花雌雄同株，花序蝎尾状。瘦果三角状卵形。花期 6~8 月，果期 8~10 月。生于山坡林下或岩石缝的阴湿处。

冷水花　　冷水花属

Pilea notata C. H. Wright

草本。茎肉质，纤细，高 25~70cm。叶卵状披针形，长 5~14cm，宽 2~7cm，顶端尾尖，边缘有齿。花被片绿黄色，4 深裂。瘦果圆卵形。花期 6~9 月，果期 9~11 月。生于山谷、溪旁或林下阴湿处。

玻璃草（三角叶冷水花）　　冷水花属

Pilea swinglei Merr.

草本。茎肉质，高 7~30cm。叶近膜质，宽卵形、近正三角形，长 1~5.5cm，宽 0.8~3cm。花雌雄同株；团伞花簇呈头状。瘦果宽卵形。花期 6~8 月，果期 8~11 月。生于山谷、溪边和石上阴湿处。

雾水葛　　雾水葛属

Pouzolzia zeylanica (L.) Benn. & R. Br.

多年生草本。茎高12~40cm，不分枝。叶片草质，卵形或宽卵形，长1.2~3.8cm，宽0.8~2.6cm。团伞花序通常两性。瘦果卵球形，有光泽。花期秋季。生于草地、丘陵、疏林中、沟边。

多枝雾水葛　　雾水葛属

Pouzolzia zeylanica (L.) Benn. & R. Br. var. *microphylla* (Wedd.) W. T. Wang

多年生草本或亚灌木。常铺地，长40~100cm，多分枝。茎下部叶对生，上部叶互生；叶形变化较大，卵形、狭卵形至披针形。瘦果。花期秋季。生于平原或丘陵草地、田边。

藤麻　　藤麻属

Procris crenata C . B. Rob.

多年生草本。茎肉质，高30~80cm。叶两侧稍不对称，狭长圆形，长8~20cm，宽2.2~4.5cm。雄花序通常生于雌花序之下，簇生。瘦果褐色，狭卵形。生于山地林中石上或附生于大树上。

（八十五）壳斗科 Fagaceae

米槠（米锥）　　锥属

Castanopsis carlesii (Hemsl.) Hayata

大乔木，高达20m。叶披针形，长4~12cm，宽1~3.5cm，顶部尖。雄圆锥花序顶生，雌花花柱3或2枚。壳斗近球状，长10~15mm；坚果近圆球形。花期3~6月，果期翌年9~11月。生于山地林中。

甜槠（甜锥） 锥属

Castanopsis eyrei (Champ. ex Benth.) Tutcher

乔木，高达20m。树皮纵深裂，块状剥落。叶革质，长5~13cm，宽1.5~5.5cm。雄花序穗状，雌花花柱3或2枚。壳斗2~4瓣开裂；坚果阔圆锥形。花期4~6月，果期翌年9~11月。生于山地林中。

栲（红背锥） 锥属

Castanopsis fargesii Franch.

乔木，高10~30m。叶长椭圆形，长6.5~8cm，宽1.8~3.5cm，背被鳞秕，黄棕色，顶端常有齿。雄花穗状或圆锥花序。壳斗常圆球形；坚果圆锥形。花期4~6月，果翌年同期成熟。生于山地林中。

罗浮锥（罗浮栲） 锥属

Castanopsis fabri Hance

乔木，高8~20m。叶革质，长椭圆状披针形，长8~18cm，宽2.5~5cm，上部1~5对锯齿，背面有红褐色鳞秕。花序直立。每壳斗2~3坚果。花期4~5月，果期翌年9~11月。生于山地林中。

黧蒴锥（黧蒴） 锥属

Castanopsis fissa (Champ. ex Benth.) Rehder & E. H. Wilson

乔木，高约10m。叶大，长11~23cm，宽5~9cm，侧脉15~20对。雄花多为圆锥花序，花淡黄色。果序长8~18cm。壳斗通常全包坚果；坚果椭圆形。花期4~6月，果10~12月成熟。生于山地疏林中。

毛锥（南岭栲）　　锥属

Castanopsis fordii Hance

乔木，高8~15m。叶革质，长椭圆形，长9~14cm，宽3~7cm；叶背红棕色或棕灰色，被全毛，边全缘。雄穗状花序。每壳斗有坚果1个。花期3~4月，果翌年9~10月成熟。生于山地林中。

秀丽锥　　锥属

Castanopsis jucunda Hance

乔木，高达26m。叶卵形，卵状椭圆形，长10~18cm，宽4~8cm。雄花序穗状或圆锥花序。壳斗近圆球形，连刺径25~30mm；坚果阔圆锥形。花期4~5月，果翌年9~10月成熟。生于山地林中。

红锥　　锥属

Castanopsis hystrix Hook. f. & Thomson ex A. DC.

乔木，高达25m。叶披针形，长4~9cm，宽1.5~2.5cm，背被鳞秕，中脉在叶面凹陷。雄花序为穗状花序。壳斗4瓣开裂；坚果1个，宽圆锥形。花期4~6月，果翌年8~11月成熟。生于山地林中。

吊皮锥　　锥属

Castanopsis kawakamii Hayata

乔木，高15~28m。老树皮脱落前为长条如蓑衣状吊在树干上。叶革质，卵形，长6~12cm，宽2~5cm。雄花序为圆锥花序。壳斗圆球形；坚果1个。花期3~4月，果翌年8~10月成熟。生于山地林中。

鹿角锥（狗牙锥） 锥属

Castanopsis lamontii Hance

乔木，高 8~15m。叶厚纸质，椭圆形，长 12~30cm，宽 4~10cm。雄花序多穗排列成假复穗状花序。壳斗圆球形；有坚果 2~3 个，阔圆锥形。花期 3~5 月，果翌年 9~11 月成熟。生于山地林中。

钩锥 锥属

Castanopsis tibetana Hance

乔木，高达 30m。叶革质，长 15~30cm，宽 5~10cm，叶缘有齿。雄穗状花序或圆锥花序。壳斗圆球形，4 裂；坚果 1 个，扁圆锥形，被毛。花期 4~5 月，果翌年 8~10 月成熟。生于山地林中。

苦槠 锥属

Castanopsis sclerophylla (Lindl.) Schottky

乔木，高 5~10m。叶长椭圆形，长 7~15cm，宽 3~6cm。雄穗状花序通常单穗腋生。壳斗有坚果 1 个，全包或包着坚果的大部分。花期 4~5 月，果 10~11 月成熟。生于山地林中。

青冈 青冈属

Cyclobalanopsis glauca (Thunb.) Oerst.

常绿乔木，高达 20m。叶片革质，倒卵状椭圆形或长椭圆形，长 6~13cm，宽 2~5.5cm。壳斗碗形，包着坚果 1/3~1/2；坚果卵形或长卵形。花期 4~5 月，果期 10 月。生于山地林中。

雷公青冈 青冈属

Cyclobalanopsis hui (Chun) Chun ex Y. C. Hsu & H. Wei Jen

常绿乔木，高 10~15m。叶片薄革质，长椭圆形，长 7~13cm，宽 1.5~4cm，叶缘反曲。雄花序 2~4 个簇生，雌花序聚生于花序轴顶端。壳斗浅碗形，包着坚果基部；坚果扁球形。花期 4~5 月，果期 10~12 月。

美叶柯（粤桂柯） 柯属

Lithocarpus calophyllus Chun ex C. C. Huang & Y. T. Chang

乔木，高达 28m。叶硬革质，宽椭圆形，长 8~15cm，宽 4~9cm。雄花序由多个穗状花序组成圆锥花序。坚果常有淡薄的灰白色粉霜。花期 6~7 月，果翌年 8~9 月成熟。生于山地林中。

小叶青冈（杨梅叶青冈） 青冈属

Cyclobalanopsis myrsinifolia (Blume) Oerst.

常绿乔木，高 20m。叶卵状披针形或椭圆状披针形，长 6~11cm，宽 1.8~4cm，叶缘中部以上有细锯齿，叶背粉白色。坚果椭圆形，顶端圆。花期 6 月，果期 10 月。生于山谷、阴坡杂木林中。

厚斗柯 柯属

Lithocarpus elizabethae (Tutcher) Rehder

乔木，高 9~15m。叶厚纸质，披针形，长 8.5~14.5cm，宽 2.4~3.8cm，全缘。雄穗状花序排成圆锥花序。壳斗半球形，壳壁上部厚达 2mm，包裹果大部分。花期 7~9 月，果翌年 8~11 月成熟。生于山地林中。

柯　　柯属

Lithocarpus glaber (Thunb.) Nakai

乔木，高15m。叶革质，长椭圆形，长6~14cm，宽2.5~5.5cm。雄花穗状花序。壳斗浅碗状；坚果椭圆形，有淡薄的白色粉霜。花期7~11月，果翌年同期成熟。生于向阳的坡地杂木林中。

硬壳柯　　柯属

Lithocarpus hancei (Benth.) Rehder

高大乔木，高不超过15m。叶薄纸质至硬革质，叶形变异大，长8~14cm，宽2.5~5cm，全缘或上部2~4浅齿。花序直立。壳斗包着坚果不到1/3。花期4~6月，果翌年9~12月成熟。生于多种生境中。

菴耳柯（耳柯）　　柯属

Lithocarpus haipinii Chun

乔木，高30m。叶厚硬且质脆，宽椭圆形，长8~15cm，宽4~8cm。雄花穗状花序；雌花序较短。壳斗碟状或盆状；坚果近圆球形而略扁。花期7~8月，果翌年同期成熟。生于山地杂木林中。

木姜叶柯（多穗柯）　　柯属

Lithocarpus litseifolius (Hance) Chun

高大乔木，高达20m。叶椭圆形、倒卵状椭圆形或卵形，长8~18cm，宽3~8cm。雄花穗状花序。果序长达30cm，壳斗浅碟状；坚果宽圆锥形。花期5~9月，果翌年6~10月成熟。生于山地杂木林中。

榄叶柯 柯属

Lithocarpus oleifolius A. Camus

乔木，高8~15m。叶硬纸质，长椭圆形，长8~16cm，宽2~4cm，全缘。雄花穗状花序，雌花每3朵一簇。壳斗球形；坚果近球形。花期8~9月，果翌年10~11月成熟。生于山地杂木林中。

紫玉盘柯 柯属

Lithocarpus uvariifolius (Hance) Rehder

乔木，高10~15m。叶倒卵形，长12~23cm，宽3.5~8.5cm，上部边缘有齿。雌花常生于雄花序轴基部。壳斗深碗状；坚果半圆形，顶部平坦。花期5~7月，果翌年10~12月成熟。生于山地杂木林中。

（八十六） 杨梅科 Myricaceae

杨梅 杨梅属

Myrica rubra (Lour.) Siebold & Zucc.

常绿乔木，高达15m。单叶互生，长椭圆状，长达16cm以上。雌雄异株，雄花序圆柱状，长1~3cm，雌花短而瘦。核果球状，成熟时红色。花期4月，果6~7月成熟。生于山谷林中。

（八十七） 胡桃科 Juglandaceae

少叶黄杞（白皮黄杞） 黄杞属

Engelhardia fenzlii Merr.

小乔木，高3~10m。偶数羽状复叶，小叶1~2对，叶片长椭圆形，长5~13cm，宽2.5~5cm，基部歪斜。圆锥状或伞形状花序束，花稀疏散生。果球形。花期7月，果9~10月成熟。生于林中。

黄杞

黄杞属

Engelhardia roxburghiana Wall.

小乔木，高达 10m。偶数羽状复叶互生；小叶 3~5 对，长椭圆状披针形，长 6~14cm，宽 2~5cm。柔荑花序，顶端为雌花序，下方为雄花序。坚果具翅。花期 5~6 月，果 8~9 月成熟。生于林中。

枫杨

枫杨属

Pterocarya stenoptera C. DC.

大乔木。偶数羽状复叶，叶轴具翅；小叶 10~16 枚（稀 6~25 枚），无小叶柄，边缘有锯齿，被短毛。雄性柔荑花序长 6~10cm。果序长 20~45cm；果翅狭。

（八十八）桦木科 Betulaceae

亮叶桦（光皮桦）

桦木属

Betula luminifera H. Winkl.

高大乔木，高达 20m。叶矩圆形，长 4.5~10cm，宽 2.5~6cm，顶端骤尖，边缘具齿。花单性，雌雄同株。果序长圆柱形，下垂；小坚果倒卵形，具翅。花期 3~4 月，果期 5~6 月。生于阳坡杂木林内。

雷公鹅耳枥

鹅耳枥属

Carpinus viminea Lindl.

高大乔木，高 10~20m。叶形多变，椭圆形、矩圆形、卵状披针形，长 6~11cm，宽 3~5cm，边缘具重锯齿。果序下垂；序梗疏被短柔毛；小坚果宽卵圆形，无毛。生于山地杂木林中。

（八十九） 葫芦科 Cucurbitaceae

绞股蓝

绞股蓝属

Gynostemma pentaphyllum (Thunb.) Makino

草质攀缘植物。叶呈鸟足状，具3~9小叶；小叶片卵状长圆形，中央小叶长3~12cm。雌雄异株；圆锥花序。果肉质。花期3~11月，果期4~12月。生于山坡疏林、灌丛中或路旁草丛中。

长叶赤瓟

赤瓟属

Thladiantha longifolia Cogn. ex Oliv.

攀缘草本。叶片膜质，卵状披针形，长8~18cm。雌雄异株；花黄色，雄花总状花序；雌花单生。果实阔卵形，果皮有瘤状突起。花期4~7月，果期8~10月。生于杂木林、沟边及灌丛中。

大苞赤瓟

赤瓟属

Thladiantha cordifolia (Blume) Cogn.

草质藤本。叶片卵状心形，长1~3cm，宽0.5~2cm。雌雄异株；花黄色；雄花呈短总状花序；雌花单生。果实长圆形，有10条纵纹。花果期5~11月。生于林中或溪旁。

南赤瓟

赤瓟属

Thladiantha nudiflora Hemsl.

藤本。卷须2歧。叶卵状心形，长5~15cm，宽4~12cm。雌雄异株；花黄色，雄花总状花序；雌花单生。果长圆形，红色。花期春夏，果期秋季。生于沟边、林缘或山坡灌丛中。

王瓜 栝楼属

Trichosanthes cucumeroides (Ser.) Maxim.

多年生攀缘藤本。叶常3~5裂，基出掌状脉。卷须2歧。花雌雄异株；花冠白色，花冠具极长的丝状流苏。果实卵圆形，成熟时橙红色。花期5~8月，果期8~11月。生于山谷林中或灌丛中。

全缘栝楼（假栝楼） 栝楼属

Trichosanthes pilosa Lour.

攀缘草本。茎细弱。叶纸质，卵状心形。花雌雄异株；花冠白色。果实纺锤状椭圆形，具条纹，无毛，熟时橙红色。花期5~9月，果期9~12月。生于林中、林缘或灌丛中。

（朱鑫鑫）

长萼栝楼 栝楼属

Trichosanthes laceribractea Hayata

攀缘草本。单叶互生，叶片纸质，形状变化大，轮廓近阔卵形。花雌雄异株，花冠白色。果实球形，平滑，成熟时橘黄色。花期7~8月，果期9~10月。生于山谷密林中或山坡路旁。

中华栝楼（单花括楼） 栝楼属

Trichosanthes rosthornii Harms

攀缘藤本。叶片纸质，阔卵形至近圆形，3~7深裂。花雌雄异株；花冠白色。果实椭圆形，光滑无毛，成熟橙黄色。花期6~8月，果期8~10月。生于山谷林中及灌丛中。

钮子瓜

马交儿属

Zehneria bodinieri (H. Lév.) W. J. de Wilde & Duyfjes

草质藤本。叶宽卵形，边缘有小齿或深波状锯齿。雌雄同株；花冠白色，雄花聚生；雌花单生。果球状，光滑无毛。花期 4~8 月，果期 8~11 月。生于林边或山坡、路旁潮湿处。

马㼎儿

马交儿属

Zehneria japonica (Thunb.) H. Y. Liu

攀缘或平卧草本。叶近三角形，不分裂或浅裂。雌雄同株；花冠淡黄色。果实长圆形，成熟后橘红色。花期 4~7 月，果期 7~10 月。生长于林边、路旁、村边的灌丛中。

（九十） 秋海棠科 Begoniaceae

周裂秋海棠

秋海棠属

Begonia circumlobata Hance

草本。叶具长柄；5~6 深裂，掌状脉。雌雄同株；雄花：花被片 4，玫瑰色；雌花：花被片 5。蒴果具 3 翅。花期 6 月开始，果期 7 月开始。生于密林的沟边、石上、路旁。

食用秋海棠（葡萄叶秋海棠）

秋海棠属

Begonia edulis H. Lév.

多年生草本。叶片两侧略不相等，近圆形。雌雄同株；雄花粉红色；花被片 4。蒴果下垂，具 3 翅。花期 6~9 月，果期 8 月开始。生于山坡水沟边岩石上、山谷潮湿处。

粗喙秋海棠　秋海棠属

Begonia longifolia Blume

多年生草本。叶两侧极不相等，掌状脉。花白色，雄花花被片 4，雌花花被片 6，柱头呈螺旋状扭曲。蒴果近球形，顶端具粗厚长喙，无翅，无棱。生于山谷林下潮湿处。

裂叶秋海棠　秋海棠属

Begonia palmata D. Don

多年生具茎草本。茎高 30~60cm，被锈褐色茸毛。单叶互生，叶掌状，5~7 浅裂，被长硬毛。雌雄同株；花玫瑰色。蒴果具不等 3 翅。花期 8 月，果期 9 月开始。生于山坡水沟边、林下潮湿处。

红孩儿　秋海棠属

Begonia palmata D. Don var. *bowringiana* (Champ. ex Benth.) J. Golding & C. Kareg.

多年生草本。茎被锈褐色茸毛。叶形变异大，斜卵形，浅至中裂，上面密被短硬毛。雌雄同株；花玫瑰色或白色。蒴果具 3 翅。花期 6 月开始，果期 7 月开始。生于山谷林下潮湿处。

（九十一）卫矛科 Celastraceae

过山枫　南蛇藤属

Celastrus aculeatus Merr.

藤状灌木。枝具棱。叶椭圆形，长 5~10cm，宽 2.5~5cm。花单性，黄绿色，聚伞花序有花 3 朵。蒴果 3 室；假种皮橘红色。花期 3~4 月，果期 8~9 月。生于山地灌丛或路边疏林中。

大芽南蛇藤

南蛇藤属

Celastrus gemmatus Loes.

藤状灌木。冬芽大，长卵状。叶卵状椭圆形，长 6~12cm，宽 3.5~7cm。聚伞花序顶生及腋生，花单性，黄绿色。蒴果球状，假种皮红棕色。花期 4~9 月，果期 8~10 月。生于密林中或灌丛中。

百齿卫矛

卫矛属

Euonymus centidens H. L é v.

常绿灌木，高达 6m。枝方棱状。叶窄长椭圆形，长 3~10cm，宽 1.5~4cm。聚伞花序 1~3 花，花淡黄色。蒴果 4 深裂，假种皮黄红色。花期 6 月，果期 9~10 月。生于山坡或密林中。

青江藤

南蛇藤属

Celastrus hindsii Benth.

常绿藤本。小枝紫色。叶纸质或革质，长方窄椭圆形，长 7~14cm，宽 3~6cm。顶生聚伞圆锥花序。花淡绿色。果实球状，假种皮橙红色。花期 5~7 月，果期 7~10 月。生于灌丛或山地林中。

疏花卫矛

卫矛属

Euonymus laxiflorus Champ. ex Benth.

灌木。枝四棱形。叶纸质，卵状椭圆形，长 5~12cm，宽 2~4cm。聚伞花序分枝疏松，5~9 花，花紫色。果倒圆锥形，具 5 阔棱。花期 3~6 月，果期 7~11 月。生于山上、山腰及路旁密林中。

大果卫矛

卫矛属

Euonymus myrianthus Hemsl.

常绿灌木。小枝圆柱形。叶倒卵状椭圆形，长 5~13cm，宽 3~4.5cm，缘常呈波状或具明显钝锯齿。聚伞花序，花黄色。蒴果黄色，4 棱；假种皮橘黄色。生于山坡溪边沟谷较湿润处。

中华卫矛

卫矛属

Euonymus nitidus Benth.

常绿灌木或小乔木。小枝四棱形。叶倒卵形，长 5~8cm，宽 2.5~4cm。聚伞花序，花黄绿色。蒴果三角卵圆状，假种皮橙黄色。花期 3~5 月，果期 6~10 月。生于林内、山坡、路旁等较湿润处。

（九十二） 牛栓藤科 Connaraceae

小叶红叶藤

红叶藤属

Rourea microphylla (Hook. & Arn.) Planch.

攀缘灌木。奇数羽状复叶；小叶 7~17 对，嫩叶红色。圆锥花序；花瓣白色、淡黄色，有纵脉纹。蓇葖果，假种皮橙黄色。花期 3~9 月，果期 5 月至翌年 3 月。生于山坡或疏林中。

（九十三） 酢浆草科 Oxalidaceae

酢浆草

酢浆草属

Oxalis corniculata L.

草本。茎细弱，多分枝，匍匐茎节上生根。小叶 3，倒心形。花单生或伞形花序状，花黄色。蒴果长圆柱形。花果期 2~9 月。生境广泛，山坡草池、路边、荒地等。

红花酢浆草　　酢浆草属

Oxalis corymbosa DC.

多年生草本。地下部分有球状鳞茎。叶基生，小叶 3，扁圆状倒心形，顶端凹入。二歧聚伞花序；花瓣 5，紫红色。花果期 3~12 月。广布，生于山地、路旁、荒地等。

杜英　　杜英属

Elaeocarpus decipiens Hemsl.

常绿乔木，高 5~15m。叶革质，边缘有小钝齿，披针形，长 7~12cm，宽 2~3.5cm。总状花序，长 5~10cm；花白色。核果椭圆形，直径 2~3cm。花期 6~7 月。生于山地林中。

（九十四）杜英科 Elaeocarpaceae

中华杜英　　杜英属

Elaeocarpus chinensis (Gardner & Champ.) Hook. f. ex Benth.

常绿小乔木，高 3~7m。叶卵状披针形，长 5~8cm，宽 2~3cm，基部圆形，边缘有齿。总状花序，花两性或单性，花黄绿色。核果椭圆形，长不到 1cm。花期 5~6 月。生于山地林中。

显脉杜英　　杜英属

Elaeocarpus dubius Aug. DC.

常绿乔木，高达 25m。叶聚生于枝顶，薄革质，长圆形或披针形，长 5~7cm，宽 2~2.5cm。总状花序生于叶腋；花白色。核果椭圆形，内果皮坚骨质。花期 3~4 月。生于山地林中。

褐毛杜英 杜英属

Elaeocarpus duclouxii Gagnep.

常绿乔木，高达 20m。叶长圆形，长 6~15cm，宽 3~6cm，先端急尖，下面被褐色毛，边缘有齿。总状花序；花白色，花瓣上半部撕裂。核果椭圆形，宽 1.7~2cm。花期 6~7 月。生于山地林中。

山杜英 杜英属

Elaeocarpus sylvestris (Lour.) Poir.

小乔木。小枝无毛。叶纸质，倒卵形或倒披针形，长 4~8cm，宽 2~4cm，两面均无毛。总状花序；花白色，花瓣上半部撕裂。核果椭圆形。花期 4~5 月，果期 9~12 月。生于山地林中。

日本杜英（高山望） 杜英属

Elaeocarpus japonicus Siebold & Zucc.

乔木。单叶互生，革质，通常卵形，长 6~12cm，宽 3~6cm，叶背有细小黑腺点。总状花序生叶腋，花两性或单性，花白色。核果椭圆形。花期 4~5 月，果期 9 月。生于山地林中。

薄果猴欢喜 猴欢喜属

Sloanea leptocarpa Diels

乔木，高达 25m。叶革质，披针形，长 7~14cm，宽2~3.5cm。单生或数朵丛生，花白色，上端齿状撕裂。蒴果圆球形，3~4 爿裂开。花期 4~5 月，果期 9 月。生于山地林中。

猴欢喜

猴欢喜属

Sloanea sinensis (Hance) Hemsl.

常绿乔木，高 20m。叶长圆形，长 8~15cm，宽 3~7cm，全缘。花多朵簇生；花瓣 4，白色。蒴果球形，3~7 爿裂开；假种皮橘黄色。花期 9~11 月，果翌年 6~7 月成熟。生于山地林中。

（九十五）古柯科 Erythroxylaceae

东方古柯

古柯属

Erythroxylum sinense C. Y. Wu

灌木或小乔木，高 1~6m。叶较小，纸质，长椭圆形，长 2~4.5cm，宽 1~1.8cm。花腋生，花瓣粉红色。核果长圆形，有 3 条纵棱。花期 4~5 月，果期 5~10 月。生于山地、路旁、谷地树林中。

（九十六）藤黄科 Clusiaceae

木竹子（多花山竹子）

藤黄属

Garcinia multiflora Champ. ex Benth.

常绿乔木，高 5~15m。叶对生，革质，长圆状卵形，边缘微反卷。花杂性，同株；圆锥花序；花瓣倒卵形，花黄色。浆果球形。花期 6~8 月，果期 11~12 月。生于山坡林中或沟谷边缘。

岭南山竹子

藤黄属

Garcinia oblongifolia Champ. ex Benth.

常绿乔木，高 5~15m。叶近革质，长圆形，长 5~10cm，宽 2~3.5cm。单性，异株，花小，黄色，花瓣倒卵状长圆形。浆果球形，直径 2.5~3.5cm。花期 4~5 月，果期 10~12 月。生于丘陵、沟谷林中。

（九十七）金丝桃科 Hypericaceae

黄牛木 黄牛木属

Cratoxylum cochinchinense (Lour.) Blume

落叶灌木或乔木。叶纸质，有透明腺点及黑点，椭圆形，长 3~10.5cm，宽 1~4cm。聚伞花序；花瓣粉红色。蒴果椭圆形。花期 4~5 月，果期 6 月以后。生于干燥阳坡上的次生林或灌丛中。

金丝桃 金丝桃属

Hypericum monogynum L.

灌木，高 0.5~1.3m。叶对生，叶片椭圆形至长圆形，长 2~11cm，宽 1~4cm。疏松的近伞房状花序，花瓣金黄色。蒴果宽卵珠形。花期 5~8 月，果期 8~9 月。生于山坡、路旁或灌丛中。

地耳草 金丝桃属

Hypericum japonicum Thunb.

一年生或多年生草本。叶对生，卵形，长小于 2cm，散布透明腺点。花序具 1~30 花；花白色、淡黄色至橙黄色。蒴果短圆柱形。花期 3~8 月，果期 6~10 月。生于田边、沟边、草地。

元宝草 金丝桃属

Hypericum sampsonii Hance

多年生草本。叶基部合生为一体，茎中间穿过。叶披针形，长 2.5~7cm，宽 1~3.5cm。伞房状花序顶生，花瓣淡黄色。蒴果，宽卵球形至或宽或狭的卵球状圆锥形。花期 5~6 月，果期 7~8 月。生于路旁、山坡、草地等处。

（九十八） 堇菜科 Violaceae

如意草（堇菜） 堇菜属

Viola arcuata Blume

多年生草本。根状茎横走。匍匐枝蔓生。基生叶，三角状心形或卵状心形。花淡紫色或白色；具暗紫色条纹。蒴果长圆形。花果期全年。生于溪谷潮湿地、灌丛林缘。

七星莲（蔓茎堇菜） 堇菜属

Viola diffusa Ging.

一年生草本。有匍匐枝，全株被白色长柔毛。基生叶多数，叶卵形。花较小，淡紫色或浅黄色，具长梗。蒴果长圆形。花期 3~5 月，果期 5~8 月。生于山地林下、林缘、草坡等处。

深圆齿堇菜 堇菜属

Viola davidii Franch.

细弱草本。无地上茎或几无。叶基生，叶圆形，长宽 1~3cm，边缘具较深圆齿。花白色或淡紫色。蒴果椭圆形。花期 3~6 月，果期 5~8 月。生于林下、林缘、山坡草地、溪谷。

长萼堇菜 堇菜属

Viola inconspicua Blume

多年生草本。植株无茎，无匍匐枝。叶基生，莲座状，叶片三角形，长 1.5~7cm，宽 1~3.5cm。花淡紫色，有暗色条纹。蒴果长圆形。花果期 3~11 月。生于林缘、山坡草地、田边等处。

紫花地丁　堇菜属

Viola philippica Cav.

多年生草本。叶多数，基生，莲座状。花中等大，紫堇色或淡紫色，有紫色条纹；距细管状。蒴果长圆形。花果期4~9月。生于田间、山坡草丛、林缘或灌丛中。

爪哇脚骨脆（毛叶嘉赐树）　嘉赐树属

Casearia velutina Blume

灌木，高1.5~2.5m。叶纸质，卵状长圆形，长5~8cm，边缘有锐齿，幼时被毛。花小，淡紫色，数朵簇生于叶腋。蒴果。花期12月，果期翌年春季。生于山脚溪边林下。

（九十九）杨柳科 Salicaceae

山桂花　山桂花属

Bennettiodendron leprosipes (Clos) Merr.

灌木。叶厚革质，长1~4cm，宽1~2cm，叶缘具齿。花序簇生，花芳香，花冠白色。果椭圆状卵形，呈蓝黑色。花期2~6月，果期4~11月。生于山坡林中或灌丛中。

天料木　天料木属

Homalium cochinchinense (Lour.) Druce

小乔木或灌木。叶纸质，长6~15cm，宽3~7cm，边缘有齿。花多数，白色，花瓣匙形，边缘有睫毛。蒴果倒圆锥状。花期全年，果期9~12月。生于山地阔叶林中。

山桐子

山桐子属

Idesia polycarpa Maxim.

落叶乔木。叶心状卵形，边缘有齿，叶柄下部腺体。花单性，黄绿色，有芳香，萼片覆瓦状排列。浆果扁圆形，成熟期紫红色。花期 4~5 月，果期 10~11 月。生于山地林中。

长梗柳

柳属

Salix dunnii C. K. Schneid.

灌木或小乔木。当年生枝紫色，密生柔毛。叶椭圆形或椭圆状披针形，长 2.5~4cm，宽 1.5~2cm。花雄雌同株，雄花序长约 5cm，雌花序长约 4cm。花期 4 月，果期 5 月。生于溪流旁。

（一百）大戟科 Euphorbiaceae

铁苋菜

铁苋菜属

Acalypha australis L.

一年生草本。叶膜质，长卵形，边缘具圆锯，长 3~9cm，宽 1~5cm。花雌雄同序，腋生。蒴果具 3 个分果爿。花果期 4~12 月。生于平原、山坡、耕地和空旷草地。

山麻杆

山麻杆属

Alchornea davidii Franch.

落叶灌木。叶薄纸质，阔卵形或近圆形。雌雄异株；雄花序穗状，雌花序总状。蒴果近球形，具 3 圆棱，密生柔毛。花期 3~5 月，果期 6~7 月。生于沟谷或溪畔、坡地灌丛中。

椴叶山麻杆

山麻杆属

Alchornea tiliifolia (Benth.) Müll. Arg.

灌木或小乔木。叶薄纸质，卵状菱形，长 10~17cm，宽 5.5~16cm。花雌雄异株，雄花序穗状；雌花序总状。蒴果椭圆状，具 3 浅沟。花期 4~6 月，果期 6~7 月。生于山地林下。

毛果巴豆

巴豆属

Croton lachnocarpus Benth.

灌木，高 1~2m。叶椭圆状卵形，长 4~10cm，宽 1.5~4cm；三基出脉，基部 2 枚具柄杯状腺体。总状花序顶生，花雌雄同株。蒴果稍扁球形，被毛。花期 4~5 月。生于山地疏林或灌丛中。

红背山麻杆

山麻杆属

Alchornea trewioides (Benth.) Müll. Arg.

灌木，高 1~2m。叶三基出脉，叶背浅红色，叶基具 4 腺体；2 托叶。花雌雄异株；雄花序穗状，雌花序总状。蒴果球形，具 3 圆棱。花期 3~5 月，果期 6~8 月。生于山地灌丛中或疏林下。

飞扬草

大戟属

Euphorbia hirta L.

一年生草本。叶菱状椭圆形，长 1~3cm，宽 5~17mm，边具锯齿，有时具紫色斑，两面具毛。花序密集呈球状。蒴果；种子具 4 棱。花果期 6~12 月。生于路旁、草丛、灌丛及山坡。

地锦草（地锦）

大戟属

Euphorbia humifusa Willd.

匍匐草本。茎无毛。叶斜长圆形，长 5~10mm，边具微齿，两侧不对称。花雌雄同株；花序腋生。蒴果三棱状卵球形，无毛。花果期 5~10 月。生于原野荒地、路旁、山坡等地。

匍匐大戟（铺地草）

大戟属

Euphorbia prostrata Aiton

一年生草本。茎匍匐状。叶对生，椭圆形至倒卵形。花雌雄同株，常单生于叶腋；雄花数个，雌花 1 枚。蒴果三棱状。花果期 4~10 月。生于路旁、屋旁和荒地灌丛。

斑地锦

大戟属

Euphorbia maculata L.

一年生草本。叶对生，长椭圆形至肾状长圆形，长 6~12mm，宽 2~4mm。花雌雄同株；花序单生于叶腋，雄花 4~5；雌花 1。花果期 4~9 月。生于平原或低山坡的路旁。

千根草

大戟属

Euphorbia thymifolia L.

一年生草本。叶对生，卵状椭圆形，长 4~8mm，宽 2~5mm，边缘有细锯齿。花雌雄同株；花序 1 或数个簇生于叶腋。蒴果卵状三棱形。花果期 6~11 月。生于路旁、屋旁、草丛、灌丛等。

鼎湖血桐

血桐属

Macaranga sampsonii Hance

小乔木。叶薄革质，三角状卵形或卵圆形，长12~17cm，宽11~15cm，盾状着生，掌状脉。花雌雄同株，花序圆锥状。蒴果具颗粒状腺体。花期5~6月，果期7~8月。生于山地林中。

东南野桐

野桐属

Mallotus lianus Croizat

小乔木或灌木。叶互生，纸质，卵形或心形；五基出脉。花雌雄异株；总状花序或圆锥花序；雄花序长10~18cm。蒴果球形，具软刺。花期8~9月，果期11~12月。生于林中或林缘。

白背叶

野桐属

Mallotus apelta (Lour.) Müll. Arg.

灌木或小乔木。叶互生，叶背白色，基部近叶柄处有2腺体。花雌雄异株；雄花序圆锥花序或穗状；雌花序穗状。蒴果近球形。花期6~9月，果期8~11月。生于山坡或山谷灌丛中。

小果野桐

野桐属

Mallotus microcarpus Pax & K. Hoffm.

灌木。叶互生，卵形或卵状三角形，三至五基出脉，基部有2~4腺体。花雌雄同株或异株，总状花序。蒴果扁球形，钝三棱。花期4~7月，果期8~10月。生于疏林中或林缘灌丛中。

白楸

野桐属

Mallotus paniculatus (Lam.) Müll. Arg.

乔木或灌木。叶互生，卵形，五基出脉；叶柄具腺体。花雌雄异株，总状花序或圆锥花序。蒴果扁球形，被茸毛和钻形软刺。花期 7~10 月，果期 11~12 月。生于山地林缘或灌丛中。

石岩枫

野桐属

Mallotus repandus (Rottler) Müll. Arg.

攀缘状灌木。嫩枝等密被毛；叶互生，长 3.5~8cm，宽 2.5~5cm。花雌雄异株，总状花序。蒴果密生粉末状黄毛和具颗粒状腺体。花期 3~5 月，果期 8~9 月。生于山地疏林中或林缘。

粗糠柴

野桐属

Mallotus philippensis (Lam.) Müll. Arg.

小乔木或灌木。叶近革质，卵形，叶背具红色腺点。花雌雄异株，总状花序顶生或腋生。蒴果扁球形，密被红色颗粒状腺体和粉末状毛。花期 4~5 月，果期 5~8 月。生于林中或林缘。

蓖麻

蓖麻属

Ricinus communis L.

亚灌木状草本。茎常被白霜。叶互生，掌状分裂，具锯齿；叶柄具腺体。花雌雄同株；雄花黄色，雌花红色。蒴果，带软刺。花果期几全年。人工栽培或逸生于村旁疏林。

山乌桕 乌桕属

Triadica cochinchinensis Lour.

落叶乔木。叶互生，叶椭圆形，长 5~10cm，宽 3~5cm；叶柄顶端 2 腺体。花雌雄同株；雌花生于下部，雄花上部。蒴果球形；种子被白色蜡质。花期 4~6 月，果期 7~10 月。生于山谷林中。

油桐 油桐属

Vernicia fordii (Hemsl.) Airy Shaw

落叶乔木，高达 10m。叶卵圆形，长 8~18cm；叶柄顶端 2 腺体。雌雄同株；花瓣卵圆形，白色，有淡红色脉纹。核果近球状。花期 3~4 月，果期 8~9 月。生于丘陵山地。有栽培。

乌桕 乌桕属

Triadica sebifera (L.) Small

乔木。叶互生，纸质，叶片阔卵形，长 3~8cm，宽 3~9cm。花单性，雌雄同株，总状花序顶生。蒴果近球形；种子黑色，假种皮白色蜡质。花期 4~8 月，果期 8~11 月。生于旷野或疏林中。

木油桐 油桐属

Vernicia montana Lour.

落叶乔木。叶阔卵形，长 8~20cm，叶裂缺有杯状腺体；叶柄有 2 枚杯状腺体。雌雄异株或同株异序，花瓣白色。核果 3 棱，有皱纹。花期 4~5 月，果期 7~10 月。生于疏林中。有栽培。

（一百零一）粘木科 Ixonanthaceae

粘木 粘木属

Ixonanthes reticulata Jack

乔木或灌木。叶互生，椭圆形，长 4~16cm，宽 2~8cm，表面有光泽。聚伞花序；花白色，花瓣 5。蒴果卵状圆锥形；种子带膜质翅。花期 5~6 月，果期 6~10 月。生于路旁、山谷和林中。

秋枫 重阳木属

Bischofia javanica Blume

大乔木。三出复叶，小叶纸质，椭圆形，长 7~15cm，宽 4~8cm，边缘有浅锯齿；叶柄具腺体。花雌雄异株，圆锥花序。果近圆球形。花期 4~5 月，果期 8~10 月。生于山地沟谷林中。有栽培。

（一百零二）叶下珠科 Phyllanthaceae

日本五月茶（酸味子） 五月茶属

Antidesma japonicum Siebold & Zucc.

乔木或灌木。叶片纸质至近革质，椭圆形，长 3.5~13cm，宽 1.5~4cm。花雌雄同株，总状花序顶生。核果椭圆形，长约 5~6mm。花期 4~6 月，果期 7~9 月。生于山地疏林中。

黑面神 黑面神属

Breynia fruticosa (L.) Hook. f.

灌木。叶革质，卵形，长 3~7cm，宽 1.8~3.5cm。花雌雄同株；花单生或 2~4 朵簇生叶腋；雌花花萼花后增大。蒴果圆球状。花期 4~9 月，果期 5~12 月。生于山坡、灌丛中或林缘。

禾串树（尖叶土蜜树）

土蜜树属

Bridelia balansae Tutcher

乔木，高达17m。单叶互生，椭圆形或长椭圆形，长5~25cm，宽1.5~7.5cm，边缘反卷。花雌雄同株，同花序；团伞花序腋生。核果长卵形。花期3~8月，果期9~11月。生于山地林中。

白饭树

白饭树属

Flueggea virosa (Roxb. ex Willd.) Royle

灌木。小枝具纵棱槽，红褐色。叶椭圆形、长圆形，长2~5cm，宽1~3cm，全缘。花雌雄异株；淡黄色。蒴果浆果状，淡白色。花期3~8月，果期7~12月。生于山地灌木丛中。

土蜜树

土蜜树属

Bridelia tomentosa Blume

灌木或小乔木。叶片纸质，长圆形、长椭圆形，长3~9cm，宽1.5~4cm。花雌雄同株或异株，簇生于叶腋。核果近圆形。花果期几乎全年。生于山地疏林中或平原灌丛中。

毛果算盘子

算盘子属

Glochidion eriocarpum Champ. ex Benth.

灌木。全株几被长柔毛。单叶互生，叶片纸质，卵形，长4~8cm，宽1.5~3.5cm。花雌雄同株，生于叶腋内，黄色。蒴果扁球状。花果期几乎全年。生于山坡、山谷灌木丛中或林缘。

算盘子　　算盘子属

Glochidion puberum (L.) Hutch.

灌木。叶长圆形。花小，雌雄同株或异株，腋生；雄花常生于小枝下部，雌花上部。蒴果扁球状，边缘有 8~10 条纵沟。花期 4~8 月，果期 7~11 月。生于山坡、溪旁灌木丛中或林缘。

落萼叶下珠　　叶下珠属

Phyllanthus flexuosus (Siebold & Zucc.) Müll. Arg.

灌木。叶片纸质，椭圆形至卵形，长 2~4.5cm，宽 1~2.5cm。花雌雄同株，生于叶腋。蒴果浆果状，基部萼片脱落。花期 4~5 月，果期 6~9 月。生于山地疏林下、沟边、路旁或灌丛中。

白背算盘子　　算盘子属

Glochidion wrightii Benth.

灌木或乔木。叶长圆形或披针形，长 2.5~5.5cm，宽 1.5~2.5cm，叶背粉绿色，干后灰白色。花雌雄同株，簇生叶腋。蒴果扁球形，3 室。花期 5~9 月，果期 7~11 月。生于山地疏林中或灌丛中。

青灰叶下珠　　叶下珠属

Phyllanthus glaucus Wall. ex Müell. Arg.

灌木。叶片膜质，椭圆形或长圆形，长 2.5~5cm，宽 1.5~2.5cm。花雌雄同株；通常 1 朵雌花与数朵雄花同生于叶腋。花期 4~7 月，果期 7~10 月。生于山地灌木丛中或稀疏林下。

小果叶下珠（白仔）　　叶下珠属

Phyllanthus microcarpus (Benth.) Muell.

灌木。枝有短刺。叶互生，椭圆形，长 2~5cm，宽 1~2.5cm。花雌雄同株；通常 2~10 朵雄花和 1 朵雌花簇生于叶腋。蒴果为浆果状。花期 3~6 月，果期 6~10 月。生于山地林下或灌丛中。

叶下珠　　叶下珠属

Phyllanthus urinaria L.

一年生草本。叶片纸质，呈羽状排列，长圆形，长 7~15mm，宽 3~6mm。花雌雄同株；雄花簇生叶腋；雌花单生。蒴果具小凸刺。花期 4~6 月，果期 7~11 月。生于旷野平地、旱田、山地路旁。

（一百零三）牻牛儿苗 Geraniaceae

野老鹳草　　老鹳草属

Geranium carolinianum L.

一年生草本。茎上部叶圆肾形，长 2~3cm，宽 4~6cm，掌状 5~7 裂近基部。花瓣淡紫红色。蒴果，果瓣由喙上部先裂向下卷曲。花期 4~7 月，果期 5~9 月。生于平原和荒坡杂草丛中。

（一百零四）使君子科 Combretaceae

风车子（华风车子）　　风车子属

Combretum alfredii Hance

直立或攀缘状灌木。叶对生，长 12~20cm，宽 4.8~7.3cm，全缘，无毛。花瓣长约 2mm，黄白色，长倒卵形。果椭圆形，有 4 翅。花期 5~8 月，果期 9 月开始。生于河边、山谷地。

（一百零五） 千屈菜科 Lythraceae

水苋菜

水苋菜属

Ammannia baccifera L.

一年生草本。下部叶对生，上部叶互生，叶长椭圆形，长 6~15mm，宽 3~5mm。花极小，绿色或淡紫色。蒴果球形，紫红色。花期 8~10 月，果期 9~12 月。生于潮湿的地方或水田中。

紫薇

紫薇属

Lagerstroemia indica L.

落叶小乔木。树皮平滑。叶椭圆形，长 2.5~7cm，宽 1.5~4cm。圆锥花序顶生；花瓣 6，皱缩，花色多样，有淡紫色、粉色、白色等。蒴果。花期 6~9 月，果期 9~12 月。常见栽培。

香膏萼距花

萼距花属

Cuphea carthagenensis (Jacq.) J. F. Macbr.

一年生草本。全株具有黏质的腺毛。叶卵状披针形，长 1.5~5cm。花萼细小，长 1cm 以下；花瓣 6，紫红色，近等长。蒴果包藏于萼管内。原产巴西、墨西哥等地。我国有栽培。

圆叶节节菜

节节菜属

Rotala rotundifolia (Buch.-Ham. ex Roxb.) Koehne

一年生草本。茎直立，丛生。叶对生，近圆形，长 5~10mm，宽 3.5~5mm。花单生，花瓣 4，倒卵形，淡紫红色。蒴果椭圆形。花果期 12 月至翌年 6 月。生于水田或潮湿的地方。

（一百零六）柳叶菜科 Onagraceae

柳叶菜

柳叶菜属

Epilobium hirsutum L.

多年生粗壮草本。叶草质，茎生叶披针状椭圆形，长 4~12cm，宽 0.3~3.5cm。花瓣常玫瑰红色，或粉红色。花期 6~8 月，果期 7~9 月。生于沟边、湖边向阳湿润处等。常见栽培。

草龙

丁香蓼属

Ludwigia hyssopifolia (G. Don) Exell

一年生直立草本。叶披针形至线形，长 2~10cm，宽 0.5~1.5cm。花腋生；萼片 4；花瓣 4，黄色。蒴果近无梗。花果期近全年。生于田边、水沟、湿草地等湿润向阳处。

毛草龙

丁香蓼属

Ludwigia octovalvis (Jacq.) P. H. Raven

多年生直立草本。植株常被黄褐色粗毛。叶披针形至线状披针形。花单生，花瓣黄色。蒴果圆柱状，具 8 条棱。花期 6~8 月，果期 8~11 月。生于田边、湖塘边、沟谷旁湿润处。

（一百零七）桃金娘科 Myrtaceae

桃金娘（岗稔）

桃金娘属

Rhodomyrtus tomentosa (Aiton) Hassk.

常绿灌木。叶对生，革质，叶片椭圆形或倒卵形，长 3~8cm，宽 1~4cm。花单生；花瓣 5，倒卵形，紫红色。浆果壶形，熟时紫黑色。花期 4~5 月，果期 7~11 月。生于丘陵坡地。

华南蒲桃 蒲桃属

Syzygium austrosinense (Merr. & L. M. Perry) H. T. Chang & R. H. Miao

灌木至小乔木。枝四棱形。叶革质，椭圆形，长 4~7cm，宽 2~3cm。聚伞花序顶生；萼片 4，短三角形；花瓣分离，白色，倒卵圆形。果球形，直径 6~7mm。花期 6~8 月。生于中海拔常绿林里。

轮叶蒲桃 蒲桃属

Syzygium grijsii (Hance) Merr. & L. M. Perry

灌木。枝四棱形。叶片革质，细小，披针形，长 1.5~3cm，宽 5~7mm，常 3 叶轮生。圆锥花序顶生，花少，花白色，花瓣 4，离生。果球形，直径 4~5mm。花期 5~6 月。多生于灌草丛中。

赤楠 蒲桃属

Syzygium buxifolium Hook. & Arn.

灌木或小乔木。叶片革质，阔椭圆形至椭圆形、阔倒卵形，长 1.5~3cm，宽 1~2cm。聚伞花序顶生，花瓣 4，花白色。果实球形，成熟时蓝黑色。花期 6~8 月。生于低山疏林或灌丛。

红鳞蒲桃（红车） 蒲桃属

Syzygium hancei Merr. & L. M. Perry

灌木或小乔木。嫩叶红色，叶革质，椭圆形，长 3~7cm，宽 1.5~4cm，侧脉脉距 2mm。圆锥花序腋生；花白色，花瓣 4。果球形，直径 5~6mm。花期 7~9 月。常见于低海拔疏林中。

山蒲桃（白车） 蒲桃属

Syzygium levinei (Merr.) Merr. & L. M. Perry

常绿乔木。枝圆柱形。叶革质，椭圆形，长4~8cm，宽1.5~3.5cm，两面有小腺点。圆锥花序；小枝上部腋生，花白色，花瓣4，分离。果球形。花期8~9月。常见于低海拔疏林中。

红枝蒲桃 蒲桃属

Syzygium rehderianum Merr. & L. M. Perry

灌木至小乔木。枝圆柱形，红色。叶椭圆形，长4~7cm，宽2.5~3.5cm。聚伞花序腋生，或生于枝顶叶腋内，花白色，花瓣连成帽状。果椭圆状卵形。花期6~8月。生于常绿阔叶林中。

（一百零八）野牡丹科 Melastomataceae

线萼金花树 柏拉木属

Blastus apricus (Hand.-Mazz.) H. L. Li

灌木。全株被腺点。叶片纸质，卵状披针形，长4~14cm，宽1.5~5cm。圆锥花序顶生；花瓣紫红色，卵形。蒴果椭圆形。花期6~7月，果期10~11月。生于林下、湿润的地方或水旁。

柏拉木 柏拉木属

Blastus cochinchinensis Lour.

灌木。叶片纸质，披针形至椭圆状披针形，长6~12cm，宽2~4cm。聚伞花序腋生，密被小腺点；花瓣卵形，白色至粉红色。蒴果椭圆形，4裂。花期6~8月，果期10~12月。生于阔叶林内。

败蕊无距花 异药花属

Fordiophyton degeneratum (C. Chen) Y. F. Deng & T. L. Wu

草本。肉质茎四棱形，红色，密毛。叶膜质，广卵形，长 5~8cm，宽 3~4cm，边缘具锯齿。聚伞花序；花瓣淡红色、紫红色。蒴果广卵形。花期 4~5 月，果期 6 月。生于山谷疏林下。

细叶野牡丹 野牡丹属

Melastoma × intermedium Dunn

小灌木和灌木。叶硬纸质，狭披针形，长 2~4cm，宽 8~20mm，全缘。伞房花序顶生；花瓣玫瑰红色至紫色。浆果近球形。花期 7~9 月，果期 10~2 月。生于山坡或田边矮草丛中。

异药花 异药花属

Fordiophyton faberi Stapf

草本或亚灌木。叶大小差别大，广披针形至卵形，长 6~10cm，宽 3~5cm。伞形花序顶生，花瓣红色或紫红色。蒴果倒圆锥形。花期 8~9 月，果期约 6 月。生于林下、沟边或路边灌木丛中。

野牡丹 野牡丹属

Melastoma candidum D. Don

灌木。茎密被糙伏毛。叶片坚纸质，卵形，长 4~10cm，宽 2~6cm，七基出脉。伞房花序顶生；花瓣玫瑰红色。蒴果坛状球形。花期 5~7 月，果期 10~12 月。生于山坡松林下或灌丛中。

地菍

野牡丹属

Melastoma dodecandrum Lour.

匍匐草本。叶卵形或椭圆形，长 1~4cm，宽 0.8~2cm，三至五基出脉。聚伞花序顶生；花淡紫红色至紫红色。果坛状球形，成熟时黑色。花期 5~7 月，果期 7~9 月。生于山坡矮草丛中。

谷木

谷木属

Memecylon ligustrifolium Champ. ex Benth.

大灌木或小乔木。叶片椭圆形至卵形，长 5.5~8cm，宽 2.5~3.5cm，两面无毛。聚伞花序，腋生；花瓣白色或淡黄绿色。浆果状核果球形。花期 5~8 月，果期 12 月至翌年 2 月。生于密林下。

毛菍（毛稔）

野牡丹属

Melastoma sanguineum Sims

大灌木。叶坚纸质，卵状披针形，长 8~15cm，宽 2.5~5cm，基出脉 5，被毛。伞房花序，花瓣粉红色或紫红色。果杯状球形，被毛。花果期几乎全年。常见于坡脚、沟边或矮灌丛中。

锦香草（短毛熊巴掌）

锦香草属

Phyllagathis cavaleriei (H.Lév. & Vaniot) Guillaum

草本。叶基部心形，长 6~16cm，宽 4.5~14cm，七至九基出脉。伞形花序顶生；花萼漏斗形，花瓣粉红色至紫色。蒴果杯形。花期 6~8 月，果期 7~9 月。生于山谷、山坡林下或水沟旁。

（一百零九）省沽油科 Staphyleaceae

野鸦椿（海南野鸦椿） 野鸦椿属

Euscaphis japonica (Thunb. ex Roem. & Schult.) Kanitz

落叶小乔木。奇数羽状复叶；5~11 小叶，小叶长卵形，齿尖有腺体。圆锥花序；花密集，黄白色。蓇葖果；假种皮黑色，有光泽。花期 5~6 月，果期 8~9 月。生于山脚和山谷。

山香圆 山香圆属

Turpinia montana (Blume) Kurz

小乔木。叶纸质，对生，羽状复叶，长5~6cm，宽 2~4cm，边缘具齿。圆锥花序顶生；花小且多，淡黄色。果球形，紫红色。花期 4~6 月，果期 7~9 月。生于山坡密林阴湿地。

锐尖山香圆 山香圆属

Turpinia arguta (Lindl.) Seem.

落叶灌木。单叶对生，长圆形至椭圆状披针形，长 7~22cm，宽 2~6cm，边缘具疏锯齿。圆锥花序；花白色。果近球形。花期 4~5，果期 10~11 月。生于山坡、山谷疏林中。

（一百一十）旌节花科 Stachyuraceae

中国旌节花 旌节花属

Stachyurus chinensis Franch.

落叶灌木。叶互生，纸质至膜质，长圆状卵形，长 5~12cm，宽 3~7cm。穗状花序腋生，先叶开放；花黄色。果实圆球形。花期 3~4 月，果期 5~7 月。生于山坡谷地林中或林缘。

（一百一十一）漆树科 Anacardiaceae

南酸枣

南酸枣属

Choerospondias axillaris (Roxb.) B. L. Burtt & A. W. Hill

落叶乔木。奇数羽状复叶，小叶3~6对；叶卵形，长4~12cm，宽2~4.5cm。花雌雄同株；花暗红色。核果椭圆形，顶端5个眼孔。花期春季，果期夏末。生于山坡、丘陵或沟谷林中。

野漆

漆属

Toxicodendron succedaneum (L.) Kuntze

落叶乔木。奇数羽状复叶互生；小叶3~6对，长圆状椭圆形或卵状披针形，长5~16cm，宽2~5.5cm。圆锥花序腋生；花黄绿色。核果大，压扁。花期春季，果期10月。生于林中。

盐肤木

盐肤木属

Rhus chinensis Mill.

落叶小乔木或灌木。奇数羽状复叶有小叶3~6对，叶轴有翅。圆锥花序；花杂性，花淡黄色。核果小，有咸味。花期8~9月，果期10月。生于向阳山坡、沟谷或灌丛中。

木蜡树

漆属

Toxicodendron sylvestre (Siebold & Zucc.) Kuntze

落叶乔木，高达10m。奇数羽状复叶互生；小叶3~6对，卵形或长圆形，长4~10cm，宽2~4cm，密被茸毛。圆锥花序；花黄色。核果压扁，无毛。花期5~6月，果期10月。生于山地林中。

（一百一十二）无患子科 Sapindaceae

罗浮槭

槭树属

Acer fabri Hance

常绿乔木。叶革质，披针形，长7~11cm，宽2~3cm，全缘。花杂性，雄花与两性花同株；花瓣5，白色。翅与小坚果长3~3.4cm，宽8~10mm。花期3~4月，果期9月。生于疏林中。

岭南槭

槭树属

Acer tutcheri Duthie

乔木。叶阔卵形，长6~7cm，宽8~11cm，常3裂至近中部，两面无毛。雄花与两性花同株，短圆锥花序；花瓣4，淡黄白色。翅连同果长2~2.5cm。花期4月，果期9月。生于疏林中。

中华槭

槭树属

Acer sinense Pax

落叶乔木。叶近于革质，基部心脏形，长10~14cm，宽12~15cm，常5裂。圆锥花序顶生，多花，下垂；花瓣5，白色。翅连同小坚果长3~3.5cm。花期5月，果期9月。生于混交林中。

无患子

无患子属

Sapindus saponaria L.

落叶大乔木。偶数羽状复叶，小叶5~8对，叶片长椭圆状披针形。花序顶生，圆锥形；花小，黄绿色。果近球形。花期春季，果期夏秋。生于各地寺庙、庭园和村边常见栽培。

（一百一十三）芸香科 Rutaceae

三桠苦（三叉苦）　蜜茱萸属

Melicope pteleifolia (Champ. ex Benth.) T. G. Hartley

乔木。3 小叶，叶椭圆形，长 6~20cm，宽 2~8cm，全缘，叶面密布油点。聚伞花序腋生；花多，花淡黄色。果细小，密生腺点。花期 4~6 月，果期 7~10 月。生于山谷湿润处。

千里香　九里香属

Murraya paniculata (L.) Jack

小乔木。幼苗期的叶为单叶，其后为单小叶及二小叶；叶卵形，长 3~9cm，宽 1.5~4cm。花序腋生及顶生花多，白色。果橙黄色至朱红色。花期 4~9 月，果期 9~12 月。生于山地林中。

华南吴萸（华南吴茱萸）　四数花属

Tetradium austrosinense (Hand.-Mazz.) T. G. Hartley

乔木。奇数羽状复叶；7~11 小叶，狭椭圆形，长 7~12cm，宽 3.5~6cm。花序顶生，多花，淡黄白色，花 5 数。蓇葖果，布满油点。花期 6~7 月，果期 9~11 月。生于山地疏林或沟谷中。

楝叶吴萸（楝叶吴茱萸）　四数花属

Tetradium glabrifolium (Champ. ex Benth.) T. G. Hartley

乔木。奇数羽状复叶；5~11 小叶，小叶斜卵形至斜披针形，长 6~10cm，宽 2.5~4cm。聚伞圆锥花序顶生；花多，花瓣白色。蓇葖果淡紫红色。花期 7~9 月，果期 10~12 月。生于山地林中。

飞龙掌血

飞龙掌血属

Toddalia asiatica (L.) Lam.

木质攀缘灌木。刺小而密。三出复叶互生，有透明油点。雌雄花序均为圆锥状，花淡黄白色。核果橙黄色或朱红色，近球形。夏季开花，果期秋冬季。生于山地林中。

竻欓花椒

花椒属

Zanthoxylum avicennae (Lam.) DC.

落叶乔木。奇数羽状复叶，11~21 小叶，小叶斜方形，长 4~7cm，宽 1.5~2.5cm。花序顶生；花瓣黄白色。分果瓣淡紫红色。花期 6~8 月，果期 10~12 月。生于低海拔坡地或谷地。

竹叶花椒

花椒属

Zanthoxylum armatum DC.

落叶小乔木。茎枝多锐刺。叶有小叶 3~9，翼叶明显，小叶对生。花序近腋生或同时生于侧枝之顶，花黄绿色。果紫红色。花期 4~5 月，果期 8~10 月。常见于低丘陵坡地。

大叶臭花椒（大叶臭椒）

花椒属

Zanthoxylum myriacanthum Wall. ex Hook. f.

小乔木。奇数羽状复叶，11~17 小叶，椭圆形，长 10~20cm，宽 4~9cm。花枝具直刺；伞房状聚伞花序顶生，花多而芬芳，花白色。蓇葖果。花期 6~8 月，果期 9~11 月。常见于山地疏林中。

花椒簕　花椒属

Zanthoxylum scandens Blume

攀缘灌木。奇数羽状复叶，7~23 小叶，卵形，长 3~8cm，宽 1.5~3cm。伞形花序腋生或顶生；花瓣 4，淡紫绿色。分果瓣紫红色。花期 3~5 月，果期 7~8 月。生于山坡灌木丛或疏林下。

（一百一十四）楝科 Meliaceae

香椿　香椿属

Toona sinensis (A. Juss.) M. Roem.

乔木。偶数羽状复叶；14~28 小叶，叶纸质，卵状披针形，两面无毛。小聚伞花序，花多，白色。蒴果椭圆形，有 5 纵棱。花期 6~8 月，果期 10~12 月。生于山地杂木林或疏林中。

楝（苦楝）　楝属

Melia azedarach L.

落叶乔木。二至三回奇数羽状复叶；小叶对生，卵形、椭圆形，长 3~7cm，宽 2~3cm。圆锥花序，花瓣淡紫色。核果椭圆形。花期4~5 月，果期 10~12 月。生于旷野、路旁或疏林中。

（一百一十五）锦葵科 Malvaceae

黄葵　黄葵属

Abelmoschus moschatus Medik.

草本，高 1~2m。叶掌状 3~5 深裂，边缘具锯齿，两面被硬毛。花单生叶腋；小苞片 7~10 枚；花黄色。果椭圆形；种子肾形。花期 6~11 月，果期 9~12 月。常生于平原、山谷、山坡灌丛中。

甜麻　　黄麻属

Corchorus aestuans L.

一年生草本。叶卵形或阔卵形，两面被毛。花瓣 5，黄色。蒴果圆筒形，有 6 纵棱，其中 3~4 棱呈翅状突起，3~4 瓣开裂。花期夏季，果期秋季。生于荒地、旷野、村旁。

扁担杆　　扁担杆属

Grewia biloba G. Don

灌木或小乔木。叶薄革质，椭圆形或倒卵状椭圆形。聚伞花序腋生，多花，花黄绿色。核果红色，有 2~4 颗分核。花期 5~7 月。生于丘陵、低山路边草地、灌丛或疏林。

黄麻　　黄麻属

Corchorus capsularis L.

直立草本。叶纸质，卵伏披针形至狭窄披针形。花单生或数朵排成腋生聚伞花序，花黄色。蒴果球形，5 爿裂开。花期夏季，果秋后成熟。有栽培，亦有荒野呈野生状态。

山芝麻　　山芝麻属

Helicteres angustifolia L.

灌木。叶狭矩圆形或条状披针形，长 3.5~5cm，宽 1.5~2.5cm。聚伞花序有 2 至数朵花，花淡紫红色。蒴果卵状矩圆形，通直，密被星状茸毛。花果期全年。常生于山坡、草坡上。

木芙蓉

木槿属

Hibiscus mutabilis L.

灌木或小乔木。叶柄、花梗和花萼均密被星状毛。叶掌状 3~5 浅裂，两面被毛。花单生叶腋，花初开时白色或淡红色，后变深红色。蒴果扁球形。花果期 8~11 月。常见栽培。

马松子

马松子属

Melochia corchorifolia L.

半灌木状草本，高不及 1m。叶卵形或披针形，长 2.5~7cm，宽 1~1.3cm，边缘有锯齿，五基生脉。花瓣 5，白色后变为淡红。蒴果 5 室。花期夏秋。生于田野间或低丘陵地原野间。

赛葵

赛葵属

Malvastrum coromandelianum (L.) Gürcke

亚灌木状草本。全株疏被毛。叶卵状披针形，长 3~6cm，宽 1~3cm，边缘具粗锯齿；花单生叶腋，花瓣 5，花黄色。果直径约 6mm，分果爿 8~12。花果期几乎全年。散生于干热草坡。

破布叶（布渣叶）

破布叶属

Microcos paniculata L.

灌木或小乔木。叶纸质，卵形或卵状长圆形，长 8~18cm，边缘有小锯齿。圆锥花序顶生，花淡黄色。核果近球形或倒卵形。花期 4~9 月，果期 11~12 月。生于山坡、沟谷及路旁灌丛。

翻白叶树

翅子树属

Pterospermum heterophyllum Hance

乔木。叶二型，幼叶盾形，掌状 3~5 裂；成长叶矩圆形。花单生或聚伞花序；花瓣 5，青白色。蒴果矩圆状卵形；种子带膜质翅。花期秋季，果期翌年春季。生于山地丘陵。

黄花稔

黄花稔属

Sida acuta Burm. f.

直立亚灌木状草本。叶披针形，长 2~5cm，宽 4~10cm，具锯齿。花萼浅杯状；花黄色。蒴果近圆球形，分果爿，果皮具网状皱纹。花期冬春季。生于山坡灌丛间、路旁或荒坡。

两广梭罗

梭罗树属

Reevesia thyrsoidea Lindl.

常绿乔木。叶长圆形，长 5~7cm，宽 2.5~3cm，无毛。聚伞状伞房花序顶生；花瓣 5，白色。蒴果矩圆状梨形；种子具膜质翅。花期 3~4 月，果期夏秋。生于山坡上或山谷溪旁。

桤叶黄花稔

黄花稔属

Sida alnifolia L.

直立亚灌木或灌木。叶倒卵形、卵形、卵状披针形，长 2~5cm，宽 8~30mm，边缘具齿，被毛。花单生于叶腋；花黄色。果近球形。花期 7~12 月。生于山坡、路旁草丛中。

白背黄花稔

黄花稔属

Sida rhombifolia L.

直立亚灌木，被毛。叶菱形或长圆状披针形，长 2.5~4.5cm，宽 0.6~2cm，边缘具锯齿，下面被灰白色星状柔毛。花单生于叶腋；花黄色。果半球形。花期秋冬季。生于山坡灌丛、旷野。

地桃花（肖梵天花）

梵天花属

Urena lobata L.

直立亚灌木状草本。茎下部叶近圆形，浅三裂；上部叶长圆形。花腋生，单生或稍丛生，淡红色。果扁球形，被锚状刺。花期 7~10 月。生于干热的空旷地、草坡或疏林下。

刺蒴麻

刺蒴麻属

Triumfetta rhomboidea Jacq.

亚灌木状草本。叶纸质，3~5 裂，叶面被疏柔毛，背面被星状毛。聚伞花序数个腋生；花瓣黄色。果球形，具勾刺。花期 5~10 月，果期 10~12 月。生于田边、路旁、荒地、林下。

梵天花

梵天花属

Urena procumbens L.

小灌木。叶掌状，裂片菱形，呈葫芦状，叶 3~5 深裂，具锯齿，两面均被星状短硬毛。花单生或近簇生，花冠淡红色。果球形，具刺和长硬毛。花期 6~9 月。生于山坡小灌丛中。

（一百一十六）瑞香科 Thymelaeaceae

长柱瑞香　　瑞香属

Daphne championii Benth.

常绿灌木。叶互生，近纸质或近膜质，椭圆形，长 1.5~4.5cm，宽 0.6~1.8cm，两面被白色丝状粗毛。头状花序，腋生或侧生；花白色。花期 2~4 月。生于山地密林中。

了哥王　　荛花属

Wikstroemia indica (L.) C. A. Mey.

灌木，高 0.5~2m。小枝红褐色。叶对生，倒卵形，长 2~5cm，宽 0.5~1.5cm。花黄绿色，总状花序顶生。核果椭圆形，成熟时红色。花果期夏秋间。生于开旷林下或石山上。

白瑞香　　瑞香属

Daphne papyracea Wall. ex G. Don

常绿灌木。叶互生，膜质或纸质，长椭圆形，长 6~16cm，宽 1.5~4cm。头状花序；花白色。浆果，成熟时红色。花期 11 月至翌年 1 月，果期 4~5 月。生于密林下或灌丛中。

细轴荛花　　荛花属

Wikstroemia nutans Champ. ex Benth.

灌木。叶对生，膜质至纸质，卵形、卵状椭圆形，长 3~8.5cm，宽 1.5~4cm。花黄绿色，总状花序。果椭圆形，成熟时红色。花期春夏，果期夏秋。生于常绿阔叶林中。

（一百一十七）山柑科 Capparaceae

独行千里（尖叶槌果藤） 山柑属

Capparis acutifolia Sweet

攀缘灌木。叶膜质，披针形，长 7~12cm，宽 1.8~3cm。花瓣白色，窄长圆形，雄蕊多。浆果近球形，成熟后红色。花期 4~5 月，果期全年。生于旷野、山坡路旁。

广州山柑（广州槌果藤） 山柑属

Capparis cantoniensis Lour.

攀缘灌木。小枝上的刺坚硬，叶近革质，长圆形，长 5~10cm，宽 1.5~4cm，幼叶橙红色。圆锥花序，花白色，有香味。果球形。花果期全年。生于山沟水旁或平地疏林中。

（一百一十八）白花菜科 Cleomaceae

黄花草（臭矢菜） 黄花草属

Arivela viscosa (L.) Raf.

一年生直立草本。掌状复叶，小叶 3~7，倒卵形，长 1~5cm，宽 0.5~1.5cm。花瓣淡黄色。果直立，圆柱形；种子黑褐色。花果期几乎全年。生于荒地、路旁及田野间。

（一百一十九）十字花科 Brassicaceae

荠 荠属

Capsella bursa-pastoris (L.) Medik.

草本。基生叶丛生呈莲座状，大头羽状分裂；茎生叶窄披针形，基部箭形。总状花序，花瓣白色，卵形。短角果倒三角形。花果期 4~6 月。生于山坡、田边及路旁。

弯曲碎米荠

碎米荠属

Cardamine flexuosa With.

一年生或二年生草本，高达 30cm。基生叶有叶柄，小叶 3~7 对，顶生小叶卵形。花瓣白色。果序轴左右弯曲；种子长圆形而扁。花期 3~5 月，果期 4~6 月。生于田边、路旁及草地。

无瓣蔊菜

蔊菜属

Rorippa dubia (Pers.) H. Hara

一年生草本，高 10~30cm。单叶互生，下部叶长 3~8cm，宽 1.5~3.5cm，大头羽状分裂。总状花序；无花瓣；雄蕊 6。长角果线形。花期 4~6 月，果期 6~8 月。生于路旁、河边及田野较潮湿处。

碎米荠

碎米荠属

Cardamine hirsuta L.

一年生小草本。茎生叶有小叶 3~6 对。总状花序生于枝顶，花小，花瓣白色，倒卵形。长角果线形。花期 2~4 月，果期 4~6 月。生于山坡、路旁、荒地及耕地的草丛中。

蔊菜

蔊菜属

Rorippa indica (L.) Hiern

直立草本，高 20~40cm。叶形通常大头羽状分裂，长 4~10cm，宽 1.5~2.5cm。总状花序；花小，花瓣 4，黄色。角果圆柱形。花期 4~6 月，果期 6~8 月。生于路旁、田边、屋边墙脚等较潮湿处。

弯缺阴山荠　　阴山荠属

Yinshania sinuata (K. C. Kuan) Al-Shehbaz, G. Yang, L. L. Lu & T. Y. Cheo

一年生草本，高 25~30cm，无毛。基生叶及茎生叶卵形。总状花序；花白色，花瓣倒卵形，有细脉纹。短角果倒披针状椭圆形。花期 3 月，果期 5 月。生于山坡沟边岩石上。

（一百二十）铁青树科 Olacaceae

赤苍藤　　赤苍藤属

Erythropalum scandens Blume

常绿藤本。卷须腋生。叶卵形，长 8~20cm，宽 4~15cm，三基出脉。二歧聚伞花序；花白色。核果椭圆形，种子蓝紫色。花期 4~5 月，果期 5~7 月。生于丘陵、溪边、林缘或灌丛中。

（一百二十一）青皮木科 Schoepfiaceae

华南青皮木　　青皮木属

Schoepfia chinensis Gardner & Champ.

落叶小乔木。叶长 5~9cm，宽 2~4.5cm，叶脉及叶柄红色。花冠管状，淡红色，裂齿略外卷。果椭圆状，红色。花期 2~4 月，果期 4~6 月。生于山谷、溪边的密林或疏林中。

金荞（金荞麦）　　荞麦属

Fagopyrum dibotrys (D. Don) Hara

多年生草本。叶三角形，长 4~12cm，宽 3~11cm，顶端渐尖，基部近戟形。花被片白色，长椭圆形。瘦果宽卵形，黑褐色。花期 7~9 月，果期 8~10 月。生于山谷湿地、山坡灌丛。

（一百二十二）蓼科 Polygonaceae

火炭母

蓼属

Persicaria chinensis (L.) H.Gross

多年生草本。叶长卵形，长 4~10cm，宽 2~4cm，全缘。头状花序，花白色或淡红色。瘦果宽卵形，具 3 棱，黑色，包于花被内。花期 7~9 月，果期 8~10 月。生于山谷湿地、山坡草地。

光蓼

蓼属

Persicaria glabra (Willd.) M. Gómez

一年生草本。叶披针形，长 8~18cm，宽 1.5~3cm，两面无毛。总状花序呈穗状；花被 5 深裂，白色或淡红色。瘦果卵形，包于花被内。花期 6~8 月，果期 7~9 月。生于沟边湿地、池塘边。

金线草

蓼属

Persicaria filiformis (Thunb.) Nakai

多年生草本。叶椭圆形，长 6~15cm，4~8cm。总状花序呈穗状；花被 4 深裂，红色。瘦果卵形，双凸镜状，包于宿存花被内。花期 7~8 月，果期 9~10 月。生于山坡林缘、山谷路旁。

长箭叶蓼

蓼属

Persicaria hastatosagittata (Makino) Nakai ex T. Mori

一年生草本。叶披针形或椭圆形，长 3~7cm，宽 1~2cm。总状花序呈短穗状，顶生或腋生；花被 5 深裂，淡红色。瘦果卵形。花期 8~9 月，果期 9~10 月。生于水边、沟边湿地。

水蓼（辣蓼）

蓼属

Persicaria hydropiper (L.) Spach

草本。节膨大，茎有明显的腺点。叶长 4~8cm，宽 0.5~2.5cm，被毛。花序长，花疏；花绿色，上部白色或淡红色。瘦果三棱形。花期 5~9 月，果期 6~10 月。生于河滩、水沟边、山谷湿地。

愉悦蓼（山蓼）

蓼属

Persicaria jucunda (Meisn.) Migo

一年生草本。叶椭圆状披针形，长 6~10cm，宽 1.5~2.5cm。总状花序呈穗状；花较密，白色。瘦果卵形，具 3 棱，包于宿存花被内。花期 8~9 月，果期 9~11 月。生于山坡草地、路旁及沟边湿地。

蚕茧蓼（蚕虫草）

蓼属

Persicaria japonica (Meisn.) H. Gross ex Nakai

多年生草本。叶披针形，长7~15cm，宽1~2cm。总状花序呈穗状顶生，花被 5 深裂，白色或淡红色。瘦果卵形，黑色。花期 8~10 月，果期 9~11 月。生于路边湿地、水边及山谷草地。

柔茎蓼

蓼属

Persicaria kawagoeana (Makino) Nakai

一年生草本。叶线状披针形或狭披针形。总状花序呈穗状；花白色或淡黄色。瘦果卵形，黑色，有光泽，包于宿存花被内。花期 5~9 月，果期 6~10 月。生于田边湿地或山谷溪边。

酸模叶蓼（大马蓼） 蓼属

Persicaria lapathifolia (L.) Delarbre

一年生草本。茎节部常膨大。叶披针形，长5~15cm，有黑褐色新月形斑点。花序密集，花被淡红色或白色。瘦果被包于花被内。花期 6~8 月，果期 7~9 月。生于田边、荒地或沟边。

小蓼花（粗糙蓼） 蓼属

Persicaria muricata (Meisn.) Nemoto

草本。倒生短皮刺。叶长圆状卵形，长 2.5~6cm，宽 1.5~3cm。总状花序呈穗状，极短，花白色或淡紫红色。瘦果具 3 棱，包于花被片内。花期 7~8 月，果期 9~10 月。生于水边、田边湿地。

圆基长鬃蓼 蓼属

Persicaria longiseta (Bruijn) Moldenke var. *rotundata* (A. J. Li) Bo Li

一年生草本。叶披针形或宽披针形，5~13cm，宽 1~2cm。总状花序呈穗状，顶生或腋生，淡红色或紫红色。瘦果宽卵形，包于花被片内。花期 6~8，果期 7~9 月。生于沟边湿地、水塘边。

尼泊尔蓼 蓼属

Persicaria nepalensis (Meisn.) H. Gross

一年生草本。茎下部叶三角状卵形，长 3~5cm，宽 2~4cm。花序头状；花淡紫红色或白色。瘦果宽卵形，黑色，包于宿存花被内。花期 5~8 月，果期 7~10 月。生于山坡草地、山谷路旁。

掌叶蓼

蓼属

Persicaria palmata (Dunn) Yonek. & H. Ohashi

多年生草本。茎被毛。叶掌状深裂，长 7~15cm，宽 8~16cm，托叶鞘膜质。花序头状；花淡红色。瘦果卵形，具 3 棱，包于花被内。花期 7~8 月，果期 9~10 月。生于山谷水边、山坡林下湿地。

丛枝蓼

蓼属

Persicaria posumbu (Buch.-Ham. ex D. Don) H. Gross

一年生草本。叶卵状披针形，长 3~6cm，宽 1~2cm，纸质。总状花序呈穗状；花被 5 深裂，淡红色。瘦果卵形，具 3 棱，包于花被内。花期 6~9 月，果期 7~10 月。生于山坡林下、山谷水边。

杠板归

蓼属

Persicaria perfoliata (L.) H. Gross

一年生攀缘草本。茎疏生倒刺。叶三角形，长 3~7cm，宽 2~5cm。花序短穗状，花被 5 深裂，白绿色。瘦果球形，包于花被内。花期 6~8 月，果期 7~10 月。生于田边、路旁、湿地。

刺蓼（廊茵）

蓼属

Persicaria senticosa (Meisn.) H. Gross ex Nakai

攀缘草本。叶片三角形，长 4~8cm，宽 2~7cm。花序头状，顶生或腋生；花被 5 深裂，淡红色。瘦果近球形，包于宿存花被内。花期 6~7 月，果期 7~9 月。生于山坡、山谷及林下。

何首乌

何首乌属

Pleuropterus multiflorus (Thunb.) Nakai

多年生缠绕藤本。块根肥厚。叶卵形，长 3~7cm。圆锥状花序；花被 5 深裂，白色或淡绿色。瘦果卵形，具 3 棱，包于宿存花被内。花期 8~9 月，果期 9~10 月。生于山谷灌丛、山坡林下。

习见萹蓄（习见蓼）

萹蓄属

Polygonum plebeium R. Br.

一年生草本。茎平卧。叶狭椭圆形，长 0.5~1.5cm，宽 2~4mm。花被片绿色，边缘白色或淡红色。瘦果宽卵形，包于宿存花被内。花期 5~8 月，果期 6~9 月。生于田边、路旁、水边湿地。

萹蓄

萹蓄属

Polygonum aviculare L.

一年生草本。叶狭椭圆形或披针形，长 1~4cm，宽 0.3~1.2cm。花生于叶腋，花被片绿色，边缘白色或淡红色。瘦果卵形，具 3 棱。花期 5~7 月，果期 6~8 月。生于田边路、沟边湿地。

虎杖

虎杖属

Reynoutria japonica Houtt.

多年生草本。纵棱散生紫红斑点。叶片大，心形。花单性，雌雄异株；花序圆锥状；花被片淡绿色。瘦果卵形，具 3 棱。花期 8~9 月，果期 9~10 月。生于山坡灌丛、路旁、湿地。

长刺酸模　　酸模属

Rumex trisetifer Stokes

一年生草本。茎下部叶长圆形。大型圆锥状花序；花两性，多花轮生，花被片 6，黄绿色。瘦果椭圆形，具 3 锐棱。花期 5~6 月，果期 6~7 月。生于田边湿地、水边、山坡草地。

荷莲豆草（荷莲豆）　　荷莲豆草属

Drymaria cordata (L.) Willd. ex Schult.

一年生草本。叶片卵状心形，长 1~1.5cm，宽 1~1.5cm。聚伞花序顶生；花瓣白色，倒卵状楔形。蒴果卵形，3 瓣裂。花期 4~10 月，果期 6~12 月。生于山谷、杂木林缘。

（一百二十三）石竹科 Caryophyllaceae

簇生卷耳　　卷耳属

Cerastium fontanum Baumg. subsp. *vulgare* (Hartm.) Greuter & Burdet

草本。茎生叶近无柄，叶片卵形、狭卵状长圆形或披针形，长 1~3cm，宽 3~10mm。聚伞花序顶生，花瓣 5，白色。蒴果圆柱形。花期 5~6 月，果期 6~7 月。生于山地林缘杂草间。

鹅肠菜（牛繁缕）　　鹅肠菜属

Myosoton aquaticum (L.) Moench

多年生草本。叶卵状心形或卵状披针形，长 2.5~5.5cm，宽 1~3cm。顶生二歧聚伞花序；花 5 基数，花瓣白色，2 深裂至基部。蒴果卵圆形。花期 5~8 月，果期 6~9 月。生于低湿处或水沟旁。

漆姑草

漆姑草属

Sagina japonica (Swartz) Ohwi

一年生小草本。叶片线形，长 5~20mm，宽 0.8~1.5mm。花小型，花瓣 5，狭卵形，白色，单生枝端。蒴果卵圆形；种子细。花期 3~5 月，果期 5~6 月。生于河岸砂质地、荒地或路旁草地。

雀舌草

繁缕属

Stellaria alsine Grinum

二年生草本，高 15~25cm。叶片披针形至长圆状披针形，长 5~20mm，宽 2~4mm。聚伞花序顶生，或花单生叶腋；花瓣 5，白色。蒴果卵圆形。花期 5~6 月，果期 7~8 月。生于田间或潮湿地。

繁缕

繁缕属

Stellaria media (L.) Vill.

草本，高 10~30cm。叶卵形或卵状心形，基部近心形，长 1~2.5cm，宽 7~15mm。疏聚伞花序顶生；花瓣白色，雄蕊 3~5；花柱 3。蒴果球形。花期 6~7 月，果期 7~8 月。常见田间杂草。

（一百二十四）苋科 Amaranthaceae

土牛膝

牛膝属

Achyranthes aspera L.

多年生草本。叶纸质，宽卵状倒卵形，长 1.5~7cm，宽 0.4~4cm。穗状花序顶生；花在花期后反折，苞片披针形。胞果卵形。花期 6~8 月，果期 10 月。生于山坡疏林或村庄附近空旷地。

牛膝 牛膝属

Achyranthes bidentata Blume

多年生草本。叶片椭圆形，长 4.5~12cm，宽 2~7.5cm。穗状花序顶生及腋生；花被片 5，绿色；小苞片刺状。胞果矩圆形，黄褐色。花期 7~9 月，果期 9~10 月。生于山坡林下。

喜旱莲子草（空心莲子草） 莲子草属

Alternanthera philoxeroides (Mart.) Griseb.

多年生草本。茎直立，中空。叶长圆形至倒卵形，长 2.5~5cm，宽 0.7~2cm。头状花序；花白色，光亮；能育雄蕊 5 枚。果实未见。花期 5~6 月。生于水沟边或路旁湿地上。原产巴西。

柳叶牛膝 牛膝属

Achyranthes longifolia (Makino) Makino

多年生草本。叶披针形；长 10~20cm，宽 2~5cm，顶端尾尖。花被片 5，披针形；小苞片针状，长 3.5mm。胞果黄棕色，长圆形，平滑。花果期 9~11 月。生于山坡。

莲子草（虾钳菜） 莲子草属

Alternanthera sessilis (L.) R. Br. ex DC.

多年生草本。叶对生，条状倒披针形，长 1~8cm，宽 0.2~2cm，无毛。头状花序腋生；花白色；能育雄蕊 3 枚。胞果倒心形。花期 5~7 月，果期 7~9 月。生于草坡、水沟、田边、沼泽。

凹头苋 苋属

Amaranthus blitum L.

一年生草本。全体无毛。叶片卵形或菱状卵形，长 1.5~4.5cm，宽 1~3cm，顶端凹缺。花成腋生花簇，淡绿色。胞果扁卵形。花期 7~8 月，果期 8~9 月。生于田野、民居附近的杂草地上。

绿穗苋 苋属

Amaranthus hybridus L.

一年生草本。叶片卵形或菱状卵形，长3~4.5cm，宽 1.5~2.5cm。圆锥花序顶生，上升稍弯曲；苞片和花被片绿色。胞果卵形。种子黑色。花期 7~8 月，果期 9~10 月。生于田野、旷地或山坡。

尾穗苋（老枪谷） 苋属

Amaranthus caudatus L.

一年生草本。叶片菱状卵形，长 4~15cm，宽 2~8cm。圆锥花序顶生，由多数穗状花序形成，花被片红色，透明。种子近球形。花期 7~8 月，果期 9~10 月。我国各地栽培，有时逸为野生。

刺苋 苋属

Amaranthus spinosus L.

一年生草本。植株具刺。叶互生，菱状卵形，长 3~12cm，宽 1~5.5cm，全缘，无毛。圆锥花序腋生及顶生；花被片具凸尖，绿色。胞果矩圆形。花果期 7~11 月。生于空旷荒地。

皱果苋（野苋） 苋属

Amaranthus viridis L.

一年生草本。叶片卵形，长 3~9cm，宽 2.5~6cm。穗状花序组成圆锥花序顶生；花被片背部有 1 绿色隆起中脉。果扁球形，极皱缩。花期 6~8 月，果期 8~10 月。生于杂草地上或田野间。

土荆芥 刺藜属

Dysphania ambrosioides (L.) Mosyakin & Clemants

草本，高 50~80cm。有强烈香味。叶片矩圆状披针形至披针形，下面散生油点。花两性及雌性；花被裂片 5，绿色。胞果扁球形。花期 8~9 月，果期 9~10 月。生于村旁、路边、河岸等处。

青葙 青葙属

Celosia argentea L.

一年生草本。全株无毛。叶互生，矩圆披针形，长 5~8cm，宽 1~3cm。圆柱状穗状花序，花被片粉红色。胞果卵形。花期 5~8 月，果期 6~10 月。生于平原、田边、山坡。野生或栽培。

地肤 地肤属

Kochia scoparia (L.) Schrad.

一年生草本。 叶扁平，线状披针形或披针形。花两性兼有雌性，常 1~3 朵簇生于叶腋，花被近球形，淡绿色。胞果扁球形。花期 6~9 月，果期 7~10 月。生于田边、路旁、荒地等处。

（一百二十五）商陆科 Phytolaccaceae

商陆 商陆属

Phytolacca acinosa Roxb.

多年生草本，高 0.5~1.5m。叶椭圆形，长 10~30cm，宽 4.5~15cm，两面散生细小白色斑点。总状花序圆柱状，直立，多花密生，花被片 5，白色或黄绿色。果序直立，浆果扁球形，紫黑色。

垂序商陆（美洲商陆） 商陆属

Phytolacca americana L.

多年生草本。叶片椭圆状卵形，长 9~18cm，宽 5~10cm。总状花序顶生或侧生；花白色，微带红晕。浆果扁球形，熟时紫黑色。花期 6~8 月，果期 8~10 月。原产北美，引入栽培，或逸生。

（一百二十六）粟米草科 Molluginaceae

粟米草 粟米草属

Mollugo stricta L.

一年生草本。叶片披针形，长 1.5~4cm，宽 2~7mm。二歧聚伞花序；花被片 5，淡绿色。蒴果近球形；种子肾形，具多数颗粒状凸起。花期 6~8 月，果期 8~10 月。生于空旷荒地、农田。

（一百二十七）马齿苋科 Portulacaceae

马齿苋 马齿苋属

Portulaca oleracea L.

一年生肉质草本。叶片扁平，肥厚，倒卵形，似马齿状，长 1~3cm，宽 0.6~1.5cm，顶端圆钝或平截。花黄色，倒卵形。蒴果卵球形。花期 5~8 月，果期 6~9 月。生于菜园、农田、路旁。

（一百二十八）蓝果树科 Nyssaceae

蓝果树（紫树） 蓝果树属

Nyssa sinensis Oliv.

落叶乔木。叶互生，椭圆形或长椭圆形，长 12~15cm，宽 5~6cm。花序伞形或短总状；花单性，黄绿色。核果成熟时深蓝色。花期 4 月下旬，果期 9 月。生于山谷或溪边潮湿混交林中。

（一百二十九）绣球花科 Hydrangeaceae

常山 常山属

Dichroa febrifuga Lour.

落叶灌木。植株无毛。单叶对生，叶型大小变异大，长 6~25cm，宽 2~10cm，边缘具齿。伞房状圆锥花序顶生，花蓝色或白色。浆果蓝色。花期 2~4 月，果期 5~8 月。生于山地阴湿林中。

罗蒙常山 常山属

Dichroa yaoshanensis Y. C. Wu

亚灌木状草本。叶纸质，椭圆形或卵状椭圆形，长 5~17cm，宽 3~7.5cm，边缘具锯齿。伞房状聚伞花序，花蓝白色。果实近球形，疏被长柔毛。花期 5~7 月，果期 9~11 月。生于山谷林下。

（曾佑派）

广东绣球 绣球属

Hydrangea kwangtungensis Merr.

灌木。叶薄纸质，长圆形，长 5~13.5cm，宽 1.5~3cm。伞形状聚伞花序顶生；花瓣白色。蒴果近球形；种子黄色。花期 5 月，果期 11 月。生于山谷密林或山顶疏林中。

圆锥绣球

绣球属

Hydrangea paniculata Siebold

灌木或小乔木。叶 2~3 片对生或轮生，椭圆形，长 5~14cm，宽 2~6.5cm。圆锥状聚伞花序尖塔形，花瓣白色。蒴果椭圆形。花期 7~8 月，果期 10~11 月。生于山坡林下或山脊灌丛中。

冠盖藤

冠盖藤属

Pileostegia viburnoides Hook. f. & Thomson

攀缘状灌木。无毛，或少量星毛。叶对生，薄革质，椭圆形，长 10~18cm，宽 3~7cm。圆锥花序顶生；花白色。蒴果圆锥形；种子具翅。花期 7~8 月，果期 9~12 月。生于山谷林中。

星毛冠盖藤

冠盖藤属

Pileostegia tomentella Hand.-Mazz.

攀缘藤本。小枝、花序和叶背密被锈色星状毛。叶革质，长圆形，长 5~10cm，宽 2.5~5cm。伞房状圆锥花序顶生；花白色。蒴果陀螺状。花期 3~8 月，果期 9~12 月。生于山谷林中。

（一百三十）山茱萸科 Cornaceae

八角枫

八角枫属

Alangium chinense (Lour.) Harms

乔木。叶近圆形或椭圆形、卵形，长 13~19cm，宽 3~7cm。聚伞花序腋生；花冠圆筒形，初为白色，后变黄色。核果卵圆形。花期 5~7 月，果期 7~11 月。生于山地疏林中。

小花八角枫　　八角枫属

Alangium faberi Oliv.

灌木。叶椭圆状卵形，长 7~12cm，宽 2.5~3.5cm，幼时被硬毛，后无毛。聚伞花序；开花时花瓣向外反卷，先白色，后变黄色。核果近卵圆形。花期 6 月，果期 9 月。生于疏林下。

尖叶四照花　　山茱萸属

Cornus elliptica (Pojark.) Q. Y. Xiang & Boufford

乔木或灌木。叶对生，长圆椭圆形。头状花序球形，总苞片 4，初为淡黄色，后变为白色；花瓣 4。果序球形，成熟时红色。花期 6~7 月，果期 10~11 月。生于山地林中。

头状四照花　　山茱萸属

Cornus capitata Wall.

乔木。叶革质，长椭圆形，长 5.5~11cm，宽 2~3.4cm。头状花序；总苞片 4，白色；花瓣 4。果实扁球形，成熟时紫红色。花期 5~6 月，果期 9~10 月。生于山地混交林中。

香港四照花　　山茱萸属

Cornus hongkongensis Hemsl.

乔木或灌木。叶对生，椭圆形，长 6.2~13cm，宽 3~6.3cm。头状花序球形；总苞片 4，白色；花瓣 4，黄色。果成熟时黄色。花期 5~6 月，果期 11~12 月。生于山地林中。

（一百三十一）凤仙花科 Balsaminaceae

绿萼凤仙花

凤仙花属

Impatiens chlorosepala Hand.-Mazz.

一年生草本。叶互生，膜质，长圆状卵形，长 7~11cm，宽 2.5~4.5cm。侧生萼片 2，绿色；花橙黄色；花距内弯。蒴果披针形。花期 10~12 月。生于山谷水旁阴处或疏林溪旁。

丰满凤仙花

凤仙花属

Impatiens obesa Hook. f.

高大肉质草本。叶互生，卵形或倒披针形，长 4~15cm，宽 2.5~3.5cm。花粉紫色，侧生萼片 4，旗瓣顶端 2 裂或截形。蒴果纺锤形。花期 6~7 月。生于山坡林缘或山谷水旁。

瑶山凤仙花

凤仙花属

Impatiens macrovexilla Y. L. Chen

一年生草本。叶卵圆形或卵状矩圆形，长 5~9cm，宽 2.5~4cm 。花紫色，翼瓣上部裂片全缘；侧生萼片 2，绿色，全缘。花期 9~10 月。生于山谷阴处、林下或路边草地。

管茎凤仙花（管花凤仙）

凤仙花属

Impatiens tubulosa Hemsl.

一年生草本。叶互生，叶片披针形，6~13cm，宽 2~3cm。总状花序；花黄色；侧生萼片 4。蒴果棒状，上部膨大，具喙尖。花期 8~12 月。生于林下或沟边阴湿处。

（一百三十二）五列木科 Pentaphylacaceae

尖叶川杨桐（尖叶杨桐）　　杨桐属

Adinandra bockiana Pritzel ex Diels var. *acutifolia* (Hand.-Mazz.) Kobuski

灌木或小乔木。叶革质，披针形，长 5~12cm，宽 2~3.5cm，叶背及边缘无毛，全缘。花瓣 5，白色。浆果，熟时紫黑色。花期 6~8 月，果期 9~11 月。生于山坡路旁灌丛中。

尖叶毛柃（尖叶柃）　　柃木属

Eurya acuminatissima Merr. & Chun

灌木或小乔木。叶卵状椭圆形，长 5~9cm，宽 1.2~2.5cm，顶端尾状渐尖。花 1~3 朵腋生；花瓣 5，白色。果圆球形。花期 9~11 月，果期翌年 7~8 月。生于山地、溪边沟谷林中。

红淡比　　红淡比属

Cleyera japonica Thunb.

灌木或小乔木。叶长圆形，长 6~9cm，宽 2~3cm，全缘。花常 2~4 朵腋生；花瓣 5，白色。果球形，熟时紫黑色。花期 5~6 月，果期 10~11 月。生于山地、沟谷林中或路旁。

米碎花　　柃木属

Eurya chinensis R. Br.

常绿灌木。叶倒卵形，长 3~4.5cm，宽 1~1.8cm，边缘有锯齿。花腋生；花瓣 5，白色。浆果，熟时紫黑色。花期 11~12 月，果期翌年 6~7 月。生于丘陵山坡灌丛、路边中。

华南毛柃

柃木属

Eurya ciliata Merr.

灌木或小乔木。叶长圆状披针形，长 5~12cm，宽 1.5~3cm。花 1~3 朵簇生于叶腋；花紫红色带白色。果被柔毛。花期 10~11 月，果期翌年 4~5 月。生于山坡林下或沟谷溪旁密林中。

楔基腺柃

柃木属

Eurya glandulosa Merr. var. *cuneiformis* H. T. Chang

高大肉质草本。叶互生，卵形或倒披针形，长 4~15cm，宽 2.5~3.5cm。花粉紫色，侧生萼片 4，旗瓣顶端 2 裂或截形。蒴果纺锤形。花期 6~7 月。生于山坡林缘或山谷水旁。

二列叶柃

柃木属

Eurya distichophylla Hemsl.

灌木或小乔木。叶披针形，长 3~6cm，宽 8~15mm。花 1~3 朵簇生于叶腋；花瓣 5，白色，边缘带蓝色。果被柔毛。花期 10~12 月，果期翌年 6~7 月。生于山坡路旁、沟谷溪边林中。

微毛柃

柃木属

Eurya hebeclados Y. Ling

灌木或小乔木。叶长圆状椭圆形，长 4~9cm，宽 1.5~3.5cm。花腋生；花瓣 5，白色。果实圆球形。花期 12 月至翌年 1 月，果期 8~10 月。生于山坡林中、林缘及路旁灌丛中。

细枝柃

柃木属

Eurya loquaiana Dunn

灌木或小乔木。枝纤细。叶卵状披针形，长 4~9cm，宽 1.5~2.5cm，边缘细齿。花瓣 5，白色。果实圆球形。花期 10~12 月，果期翌年 7~9 月。生于山坡林中、林缘及路旁灌丛中。

格药柃

柃木属

Eurya muricata Dunn

灌木或小乔木。叶椭圆形，长 5~8.5cm，宽 2~3.2cm，边缘有锯齿。花腋生；花瓣 5，白色。果圆球形，熟时紫黑色。花期 9~11 月，果期翌年 6~8 月。生于山坡林中或灌丛中。

黑柃

柃木属

Eurya macartneyi Champ.

灌木或小乔。叶长圆形，长 6~14cm，宽 2~4.5cm，边缘上部有齿。花腋生；花瓣 5，白色。浆果球形，熟时紫黑色。花期 11 月至翌年 1 月，果期 6~8 月。生于山地或沟谷林中。

细齿叶柃

柃木属

Eurya nitida Korth.

灌木或小乔木。全株无毛。叶长圆形，长 4~7cm，宽 1.5~2.5cm，边缘有锯齿。花腋生；花瓣 5，白色。浆果圆球形。花期 11 月翌年 1 月。生于山地林中、林缘及路旁灌丛中。

红褐柃　　柃木属

Eurya rubiginosa H. T. Chang

灌木。叶革质，卵状披针形，长 8~12cm，宽 2.5~4cm，下面红褐色。花单生或簇生叶腋。果实圆球形。花期 10~11 月，果期翌年 4~5 月。生于山坡疏林中或林缘沟谷路旁。

厚皮香（广东厚皮香）　　厚皮香属

Ternstroemia gymnanthera (Wight & Arn.) Bedd.

灌木或小乔木。叶革质，倒卵状长圆形，长 6~10cm，宽 3~4.5cm。花瓣 5，淡黄白色。果球形。花期 5~7 月，果期 8~10 月。生于山地林中、林缘路边或近山顶疏林中。

五列木　　五列木属

Pentaphylax euryoides Gardner & Champ.

灌木或小乔木。单叶互生，卵形至长圆状披针形，长 5~9cm，宽 2~5cm。总状花序腋生或顶生；花白色。蒴果椭圆状。花期 4~6，果期 10~11 月。生于山地密林中或路旁。

厚叶厚皮香　　厚皮香属

Ternstroemia kwangtungensis Merr.

小乔木。叶倒卵形，长7~19cm，宽3~15cm。花单生叶腋，杂性；花瓣 5，白色。果扁球形；种子假种皮鲜红色。花期 5~6 月，果期 10~11 月。生于山地林中、溪沟边路旁灌丛中。

（一百三十三） 柿科 Ebenaceae

崖柿

柿树属

Diospyros chunii F. P. Metcalf & L. Chen

灌木或小乔木。叶薄革质，长圆状椭圆形，长7~17.5cm，宽2~3.3cm。花腋生，白色。果近球形，绿带黄色，顶端有小尖头。果期翌年2月。生于常绿阔叶林中或灌丛中湿润处。

罗浮柿

柿树属

Diospyros morrisiana Hance

落叶小乔木。叶革质，长椭圆形，长5~10cm，宽2.5~4cm。雄花序聚伞花序式；雌花单生叶腋，花白色。果球形，黄色。花期5~6月，果期11月。生于山坡、山谷林中、溪边。

野柿

柿树属

Diospyros kaki Thunb. var. *silvestris* Makino

落叶乔木。与柿的主要区别：小枝及叶柄常密被黄褐色柔毛。叶较栽培柿树的叶小，叶下面被毛较多。花较小。果直径2~5cm。生于山地林中，或山坡灌丛中。

延平柿（油杯子）

柿树属

Diospyros tsangii Merr.

灌木或小乔木。叶长圆形，长4~9cm，宽1.5~3cm。花聚伞花序短小；花冠白色，4裂。果扁球形，成熟时黄色。花期2~5月，果期8月。生于灌木丛中或阔叶混交林中。

（一百三十四）报春花科 Primulaceae

九管血（短茎紫金牛）

紫金牛属

Ardisia brevicaulis Diels

矮小灌木。叶狭卵形或卵状披针形，7~14cm，宽 2.5~4.8cm，全缘，背面腺点明显。伞形花序；花瓣粉红色。果鲜红色。花期 6~7 月，果期 10~12 月。生于密林下阴湿的地方。

朱砂根

紫金牛属

Ardisia crenata Sims

常绿灌木。叶椭圆形或椭圆状披针形，长 7~10cm，宽 2~4cm，边缘皱波状。伞形花序；花白色略带粉红。果鲜红色，有腺点。花期 5~6 月，果期 10~12 月。生于山地疏林下或灌丛中。

小紫金牛

紫金牛属

Ardisia chinensis Benth.

灌木。叶倒卵形或椭圆形，长 3~7.5cm，宽 1.5~3cm。亚伞形花序，有花 3~5 朵，花瓣白色。果球形，熟时黑色，无腺点。花期 4~6 月，果期 10~12 月。生于山地林下阴湿的地方或溪旁。

走马胎

紫金牛属

Ardisia gigantifolia Stapf

大灌木或亚灌木。叶片膜质，椭圆形，长 25~48cm，宽 9~17cm，边缘具齿。花瓣白色或粉红色。果球形，红色，具腺点。花期 4~6 月，果期 11~2 月。生于山地林下阴湿的地方。

大罗伞树（郎伞木）

紫金牛属

Ardisia hanceana Mez

灌木。叶椭圆状披针形，长10~17cm，宽1.5~3.5cm，近全缘或疏突尖锯齿。复伞房状伞形花序；花瓣白色或带紫色。果球形。花期5~6月，果期11~12月。生于山坡林下阴湿的地方。

山血丹（斑叶朱砂根）

紫金牛属

Ardisia lindleyana D. Dietr.

灌木。叶革质，长圆形至椭圆状披针形，长10~15cm，宽2~3.5cm，近全缘或具微波状齿。亚伞形花序；花瓣白色，具腺点。果深红色。花期5~7月，果期10~12月。生于山坡密林下。

紫金牛

紫金牛属

Ardisia japonica (Thunb) Blume

小灌木或亚灌木。叶对生或近轮生，长4~7cm，宽1.5~4cm。亚伞形花序；花瓣粉红色或白色，具密腺点。果球形。花期5~6月，果期11~12月。生于山林下或竹林下阴湿的地方。

心叶紫金牛

紫金牛属

Ardisia maclurei Merr.

亚灌木或小灌木。叶互生，长圆状椭圆形，长4~6cm，宽2.5~4cm，两面被毛。花瓣淡紫色或红色。果球形，暗红色。花期5~6月，果期12月至翌年1月。生于密林下阴湿的地方。

虎舌红

紫金牛属

Ardisia mamillata Hance

矮小灌木。叶倒卵形，长 7~14cm，宽 3~4cm，紫红色，两面密被糙伏毛。伞形花序；花瓣粉红色。果鲜红色。花期 6~7 月，果期 11 月至翌年 1 月。生于山谷密林下阴湿的地方。

罗伞树

紫金牛属

Ardisia quinquegona Blume

灌木或小乔木。枝、叶背被鳞片。叶长圆状披针形，长 8~16cm，宽 2~4cm，全缘。伞形花序；花瓣白色。果扁球形。花期 5~6 月，果期 12 月。生于山坡林中或溪边阴湿处。

九节龙

紫金牛属

Ardisia pusilla A. DC.

亚灌木状小灌木。叶对生或近轮生，叶 3~6cm，宽 1.5~3.5cm，叶面密被糙伏毛。伞形花序；花瓣白色或带微红色。果红色，具腺点。花果期 5~7 月。生于山谷密林下阴湿的地方。

酸藤子

酸藤子属

Embelia laeta (L.) Mez

攀缘灌木。叶坚纸质，倒卵状椭圆形，长 5~8cm，宽 2.5~3.5cm，全缘。总状花序；花瓣白色或带黄色。果球形。花期 12 月至翌年 3 月，果期 4~6 月。生于林下、林缘及草坡灌丛中。

当归藤 酸藤子属

Embelia parviflora Wall. ex A. DC.

攀缘灌木。叶二列，叶片坚纸质，卵形，长1~2cm，宽0.6~1cm，全缘。花瓣白色或粉红色。果球形，暗红色。花期12月至翌年5月，果期5~7月。生于山林中、林缘及灌丛中。

瘤皮孔酸藤子 酸藤子属

Embelia scandens (Lour.) Mez

攀缘灌木。叶片长椭圆形，长5~9cm，宽2.5~4cm。总状花序，腋生；花瓣白色或淡绿色。果球形，红色。花期11月至翌年1月，果期3~5月。生于山谷林中，或疏灌丛中。

白花酸藤果（白花酸藤子） 酸藤子属

Embelia ribes Burm. f.

攀缘灌木或藤本。叶坚纸质，倒卵状椭圆形，长5~8cm，宽2.5~3.5cm，全缘。圆锥花序顶生；花淡绿色或白色。果球形，深紫色。花期1~7月，果期5~12月。生于林中、林缘及灌丛中。

平叶酸藤子（长叶酸藤子） 酸藤子属

Embelia undulata (Wall.) Mez

攀缘灌木或藤本。叶倒披针形，长6~12cm，宽2~4cm。总状花序；花淡黄色或绿白色。果有明显的纵肋及腺点。花期4~6月，果期9~11月。生于密林中或山坡路边林缘灌丛中。

密齿酸藤子（网脉酸藤子） 酸藤子属

Embelia vestita Roxb.

攀缘灌木。叶长圆状卵形，长 6~9cm，宽 2~2.5cm，边缘有锯齿。总状花序，腋生；花白色或粉红色。果球形，红色。花期 10~11 月，果期 10 月至翌年 2 月。生于石灰岩山坡林下。

泽珍珠菜 珍珠菜属

Lysimachia candida Lindl.

草本。叶倒卵形、倒披针形或线形，长 2.5~6cm，宽 0.5~2cm。花冠白色，裂片长圆形。蒴果径 2~3mm。花期 5~6 月，果期 7 月。生于田边、溪边和山坡路旁潮湿处。

广西过路黄 珍珠菜属

Lysimachia alfredii Hance

草本。叶对生，上部茎叶较大，长 3.5~11cm，宽 1~5.5cm。苞片阔椭圆形；花萼裂片狭披针形，花冠黄色。蒴果近球形。花期 4~5 月，果期 6~8 月。生于山谷溪边、林下和灌丛中。

过路黄 珍珠菜属

Lysimachia christiniae Hance

草本。茎平卧延伸。叶对生，长 1.5~8cm，宽 1~6cm，密布的透明腺条。花单生叶腋；花冠黄色。蒴果球形。花期 5~7 月，果期 7~10 月。生于沟边、路旁阴湿处和山坡林下。

矮桃 珍珠菜属

Lysimachia clethroides Duby

多年生草本。叶互生，叶椭圆形或宽披针形，长 6~16cm，宽 2~5cm。苞片线状钻形；花冠白色。蒴果近球形。花期 5~7 月，果期 7~10 月。生于山坡林缘和草丛中。

星宿菜 珍珠菜属

Lysimachia fortunei Maxim.

草本。叶互生，长椭圆状披针形，长 5~11cm，宽 1~2.5cm，两面有褐色腺点。总状花序顶生，细瘦，花白色。蒴果球形。花期 6~8 月，果期 8~11 月。生于沟边、田边等低湿处。

大叶过路黄 珍珠菜属

Lysimachia fordiana Oliv.

草本。直立。叶对生，叶长 6~18cm，宽 3~12.5cm，基部阔楔形，两面密布黑色腺点。花冠黄色，基部合生。蒴果近球形。花期 5 月，果期 7 月。生于密林中和山谷溪边湿地。

巴东过路黄 珍珠菜属

Lysimachia patungensis Hand.-Mazz.

多年生草本。叶对生，叶宽卵形或近圆形，长 1.3~3.8cm。花 2~4 朵集生于茎端和枝端；花冠黄色，内面基部橙红色。蒴果球形。花期 5~6 月，果期 7~8 月。生于山谷溪边和林下。

毛穗杜茎山　　杜茎山属

Maesa insignis Chun

灌木。叶纸质，椭圆形，长 12~16cm，宽 4~6cm，边缘具锯齿，两面被糙伏毛。总状花序腋生；花冠黄白色。果球形，白色。花期 1~2 月，果期 11 月。生于山坡、丘陵地疏林下。

鲫鱼胆　　杜茎山属

Maesa perlarius (Lour.) Merr.

灌木。叶纸质，椭圆状卵形或椭圆形，长 7~11cm，宽 3~5cm。总状花序或圆锥花序腋生；花白色。果球形。花期 3~4 月，果期 12 月至翌年 5 月。生于山坡、路边的疏林或灌丛中。

杜茎山　　杜茎山属

Maesa japonica (Thunb.) Moritzi ex Zoll.

灌木。叶片革质，叶型多变，长约 10cm，宽约 3cm，两面无毛。总状花序或圆锥花序腋生；花冠白色，长钟形。果球形。花期 1~3 月，果期 10 月。生于杂木林下或路旁灌木丛中。

密花树　　铁仔属

Myrsine seguinii H. Lév.

小乔木。叶长圆状倒披针形，长 7~17cm，宽 1.5~5cm，全缘。伞形花序；花瓣白色或淡绿色、紫红色。果球形。花期 4~5 月，果期 10~12 月。生于林缘、路旁等灌木丛中。

（一百三十五） 山茶科 Theaceae

长尾毛蕊茶 山茶属

Camellia caudata Wall.

灌木至乔木。枝被短微毛。叶长圆形，长 5~9cm，宽 1~2cm，顶端尾状渐尖。花腋生及顶生，花白色，花瓣背面被毛。蒴果圆球形。花期 10 月至翌年 3 月。生于密林里。

尖连蕊茶 山茶属

Camellia cuspidata (Kochs) H. J. Veitch.

灌木。叶革质，卵状披针形，长 5~8cm，宽 1.5~2.5cm。花单独顶生；花萼杯状，花冠白色。蒴果圆球形。花期 4~7 月，果期 8~9 月。生于谷地溪边或路旁林下灌丛中。

糙果茶 山茶属

Camellia furfuracea (Merr.) Cohen-Stuart

灌木至小乔木。叶革质，长圆形至披针形，长 8~15cm，宽 2.5~4cm，边缘有细锯齿。花白色，苞片及萼片 7~8 片，花瓣 7~8 片。蒴果球形，3 爿裂开。生于林下湿润处。

油茶 山茶属

Camellia oleifera Abel

灌木至乔木。叶革质，椭圆形，长 5~7cm，宽 2~4cm。花顶生，近于无柄；花瓣白色，直径 3~6cm。蒴果球形，3 爿或 2 爿裂开。花期冬春间。多见栽培。

柳叶毛蕊茶（柳叶茶） 山茶属

Camellia salicifolia Champ. ex Benth.

灌木至小乔木。叶薄纸质，披针形，长 6~10cm，宽 1.4~2.5cm，边缘密生细锯齿。苞片 4~5 片，萼片 5，花冠白色，花瓣 5~6 片。蒴果圆球形。花期 8~11 月。生于林中。

粗毛核果茶（粗毛石笔木） 核果茶属

Pyrenaria hirta (Hand.-Mazz.) H. Keng

乔木。叶革质，长圆形，长 6~13cm，宽 2.5~4cm，基部楔形。花白色或淡黄色。蒴果纺锤形，长 2~2.5cm，宽 1.5~1.8cm，两端尖；种子长 7~10mm。花期 6 月。生于林下。

茶 山茶属

Camellia sinensis (L.) Kuntze

灌木至小乔木。叶长圆形或椭圆形，4~12cm，宽 2~5cm，边缘有锯齿。花 1~3 朵腋生，花瓣白色；苞片 2 枚；萼片宿存。蒴果三角状球形。花期 10 月至翌年 2 月。多见栽培。

小果核果茶（小果石笔木） 核果茶属

Pyrenaria microcarpa (Dunn) H. Keng

乔木。叶革质，椭圆形至长圆形，长 4.5~12cm，宽 2~4cm，边缘有细锯齿。花白色，苞片 2，卵圆形，萼片 5，圆形。蒴果三角球形。花期 6~7 月。生于林下。

大果核果茶（石笔木） 核果茶属

Pyrenaria spectabilis (Champ. ex Benth.) C. Y. Wu & S. X. Yang

常绿乔木。叶革质，椭圆形或长圆形，长 12~16cm，宽 4~7cm。花单生枝顶，白色。蒴果球形，果爿5片；种子肾形。花期6月。生于溪谷和杂木林下。

柔毛紫茎（毛折柄茶） 紫茎属

Stewartia villosa Merr.

乔木。嫩枝、叶均有披散柔毛，老叶变秃净。叶革质，长圆形，长 8~13cm，宽 3~5cm，边缘有锯齿。花单生；直径大于 2cm，黄白色。蒴果长 1.8cm。花期 6~7 月。生于林中。

木荷（荷木） 木荷属

Schima superba Gardner & Champ.

常绿大乔木。叶革质，椭圆形，长 7~12cm，宽 4~6.5cm，边缘有钝锯齿。花生于枝顶叶腋；花瓣白色，多雄蕊。蒴果球形。花期 6~8 月。生于低海拔的次生林中。

（一百三十六）山矾科 Symplocaceae

越南山矾 山矾属

Symplocos cochinchinensis (Lour.) S. Moore

乔木。叶椭圆形，长 9~20cm，宽 3~6cm，全缘，叶背被柔毛。穗状花序；花冠白色或淡黄色，芬芳。核果圆球形。花期 8~9 月，果期 10~11 月。生于溪边、路旁和阔叶林中。

密花山矾　山矾属

Symplocos congesta Benth.

灌木或小乔木。叶纸质，椭圆形或倒卵形，长8~10cm，宽2~6cm，全缘或有腺质疏细齿。花冠白色，5深裂。核果熟时蓝紫色。花期8~11月，果期翌年1~2月。生于密林中。

毛山矾　山矾属

Symplocos groffii Merr.

乔木。幼枝、叶柄、中脉、叶背脉及叶缘被开展长硬毛。叶椭圆形，长5~8cm，宽2~3cm。穗状花序腋生；花白色。果椭圆形。花期4月，果期6~7月。生于山坡或密林中。

长毛山矾　山矾属

Symplocos dolichotricha Merr.

乔木。嫩枝、叶两面及叶柄被开展长毛。叶椭圆形，长6~13cm，宽2~5cm，全缘或有疏细齿。团伞花序腋生，花白色。果近球形。花果期7~11月。生于路旁、山谷密林中。

光叶山矾（厚皮灰木）　山矾属

Symplocos lancifolia Siebold & Zucc.

小乔木。幼枝、嫩叶背面被黄色柔毛。叶卵形或阔披针形，长3~6cm，宽1.5~2.5cm，边缘具浅齿。穗状花序；花冠淡黄色，5深裂。果近球形。花期3~11月，果期6~12月。生于山地林下。

光亮山矾

山矾属

Symplocos lucida (Thunb.) Siebold & Zucc.

常绿小乔木。叶片长圆形到狭椭圆形，长 7~13cm，宽 2~5cm，无毛。穗状花序；花冠白色，5 深裂。核果卵球形。花期 3~4 月，果期 5~6 月。生于山坡杂林中。

铁山矾

山矾属

Symplocos pseudobarberina Gontsch.

乔木。叶纸质，卵形或卵状椭圆形，长 5~10cm，宽 2~4cm，先端尖，基部楔形。总状花序；花冠白色，5 深裂。核果长圆状卵形，宿萼裂片。生于密林中。

白檀（华山矾）

山矾属

Symplocos paniculata Miq.

落叶灌木或小乔木。叶椭圆卵形或倒卵形，长 4~11cm，宽 2~4cm。圆锥花序；花冠白色。核果熟时蓝色，卵状球形。花期 4~6 月，果期 9~11 月。生于山坡、路边、疏林或密林中。

山矾

山矾属

Symplocos sumuntia Buch.-Ham. ex D. Don

乔木。叶薄革质，卵形、狭倒卵形，长 3.5~8cm，宽 1.5~3cm，边缘具齿。萼筒倒圆锥形，花冠白色，5 深裂。核果卵状坛形。花期 2~3 月，果期 6~7 月。生于林间。

黄牛奶树 山矾属

Symplocos theophrastifolia Siebold & Zucc.

常绿乔木。叶卵形、倒卵状椭圆形，长5.5~11cm，宽2~5cm，边缘具细锯齿，两面无毛。穗状花序；花冠白色。核果球形。花期8~12月，果期翌年3~6月。生于石山上、密林中。

银钟花 银钟花属

Halesia macgregorii Chun

乔木。叶纸质，椭圆形、长椭圆形，长5~13cm，宽3~4.5cm，边缘有锯齿。花白色，常下垂。核果长椭圆形，有4翅。花期4月，果期7~10月。生于山坡、山谷阴湿的密林中。

（一百三十七）安息香科 Styracaceae

赤杨叶（拟赤杨） 赤杨叶属

Alniphyllum fortunei (Hemsl.) Makino

乔木。叶倒卵状椭圆形，长8~20cm，4~11cm。总状花序或圆锥花序，花白色或粉红色。蒴果长圆形，外果皮肉质。花期4~7月，果期8~10月。生于常绿阔叶林中。

岭南山茉莉 山茉莉属

Huodendron biaristatum (W. W. Smith) Rehd. var. *parviflorum* (Merr.) Rehder

灌木或小乔木。叶较小，椭圆形，长5~10cm，宽2.5~4.5cm，侧脉每边4~6条，无毛。花淡黄色，芳香。花期3~5月，果期8~10月。蒴果卵形。生于山谷密林中。

陀螺果　　陀螺果属

Melliodendron xylocarpum Hand.-Mazz.

落叶乔木。叶纸质，卵状披针形，长 9.5~21cm，宽 3~8cm。花白色或粉红色；花冠裂片长圆形，两面被茸毛。果实有 5~10 棱。花期 4~5 月，果期 7~10 月。生于山谷、山坡湿润林中。

芬芳安息香　　安息香属

Styrax odoratissimus Champ. ex Benth.

乔木。叶卵形或卵状长圆形，长 4~15cm，宽 2~8cm，不明显锯齿。总状或圆锥花序，顶生；花白色。果实近球形，密被茸毛。花期 3~4 月，果期 6~9 月。生于阴湿山谷、山坡疏林中。

白花龙（白花笼）　　安息香属

Styrax faberi Perkins

灌木或小乔木。叶纸质，互生，卵状椭圆形，长 4~11cm，宽 3~5.5cm，边缘有细锯齿。总状花序顶生；花冠白色。果实倒卵形。花期 4~6 月，果期 8~10 月。生于丘陵和灌丛中。

栓叶安息香　　安息香属

Styrax suberifolius Hook. & Arn.

落叶乔木。叶椭圆形，长 5~15cm，宽 2~5cm，全缘，背面密被茸毛。总状花序或圆锥花序；花白色。果实卵状球形，密被茸毛。花期 3~5 月，果期 9~11 月。生于山地、丘陵林中。

越南安息香　　安息香属

Styrax tonkinensis (Pierre) Craib ex Hartwich

乔木。叶互生，纸质至薄革质，椭圆形，长5~18cm，宽4~10cm，全缘或上部有疏齿。花白色。果近球形，被毛。花期4~6月，果期8~10月。生于山谷、疏林中或林缘。

京梨猕猴桃　　猕猴桃属

Actinidia callosa Lindl. var. *henryi* Maxim.

大型落叶藤本。叶长8~10cm，宽4~5.5cm，边缘锯齿细小，背面脉腋上有髯毛。花白色。果乳头状至矩圆圆柱状，长可达5cm。生于山谷溪涧边或其他湿润处。

（一百三十八）猕猴桃科 Actinidiaceae

异色猕猴桃　　猕猴桃属

Actinidia callosa Lindl. var. *discolor* C. F. Liang

大型落叶藤本。叶坚纸质，椭圆形，矩状椭圆形至倒卵形，长6~12cm，宽3.5~6cm。花序有花1~3朵，花白色。果小，卵珠形或近球形，长1.5~2cm。生于沟谷、林缘及灌丛中。

毛花猕猴桃（毛冬瓜）　　猕猴桃属

Actinidia eriantha Benth.

大型落叶藤本。叶软纸质，卵形至阔卵形，长8~16cm，宽6~11cm。聚伞花序；花粉红色。果柱状卵珠形，密被白色茸毛。花期5月~6月，果期11月。生于灌木丛林中。

黄毛猕猴桃　　猕猴桃属

Actinidia fulvicoma Hance

藤本。叶卵状长圆形，长 9~16cm，宽 4.5~6cm，叶两面被毛。花瓣 5，白色。果卵状圆柱形，熟时无毛，暗绿色，具斑点。花期 5~6 月，果熟期 11 月。生于山地疏林中。

美丽猕猴桃　　猕猴桃属

Actinidia melliana Hand.-Mazz.

藤本。叶膜质至坚纸质，长方椭圆形，长 6~15cm，宽 2.5~9cm。聚伞花序腋生；花瓣 5，白色。果成熟时秃净，圆柱形，有疣状斑点。花期 5~6 月。生于山地树丛中。

阔叶猕猴桃（多花猕猴桃）　　猕猴桃属

Actinidia latifolia (Gardner & Champ.) Merr.

大型落叶藤本。叶阔卵形，长 8~13cm，宽 5~8.5cm，背面被星状短茸毛。聚伞花序；花黄白色，有香气。果圆柱形，暗绿色，具斑点。花期 5~6 月，果期 9~11 月。生于林缘或路旁。

水东哥　　水东哥属

Saurauia tristyla DC.

小乔木。叶纸质，倒卵状椭圆形，长 10~28cm，宽 4~11cm，叶缘具刺状锯齿。聚伞式花序；花粉红色。浆果球形，白色。花期 6~7 月，果期 9~11 月。生于山谷林下或山坡灌丛中。

（一百三十九）杜鹃花科 Ericaceae

珍珠花（南烛）

南烛属

Lyonia ovalifolia (Wall.) Drude

灌木或小乔木。叶革质，卵形或椭圆形，长 8~10cm，宽 4~5.8cm。总状花序顶生或腋生；花冠圆筒状，白色。蒴果球形。花期 5~6 月，果期 7~9 月。生于山地林下。

刺毛杜鹃

杜鹃花属

Rhododendron championiae Hook.

灌木。叶厚纸质，长圆状披针形，长达17.5cm，宽 2~5cm。伞形花序生枝顶叶腋；花冠白色或淡红色，狭漏斗状。蒴果圆柱形。花期 4~5 月，果期 5~11 月。生于山谷疏林中。

毛果珍珠花

南烛属

Lyonia ovalifolia (Wall.) Drude var. *hebecarpa* (Franch. ex Forbes & Hemsl.) Chun

灌木或小乔木。叶卵形或倒卵形，长 5~12cm，宽 3~6cm。总状花序顶生或腋生；花冠圆筒状，白色。蒴果近球形，密被柔毛。花期 5~6 月，果期 7~9 月。生于阳坡灌丛中。

（朱鑫鑫）

鹿角杜鹃

杜鹃花属

Rhododendron latoucheae Franch.

灌木。叶革质，卵状椭圆形，长 5~13cm，宽 2.5~5.5cm，先端尖，边缘反卷。花冠白色或带粉红色。蒴果圆柱形，具纵肋。花期 3~4 月，果期 7~10 月。生于山地杂木林内。

满山红（丁香杜鹃）

杜鹃花属

Rhododendron mariesii Hemsl. & E. H. Wilson

落叶灌木。叶厚纸质或近革质，椭圆形，长4~7.5cm，宽2~4cm，边缘微反卷。花通常2朵顶生；花冠紫红色。蒴果椭圆状卵球形。花期4~5月，果期6~11月。生于山地稀疏灌丛。

马银花

杜鹃花属

Rhododendron ovatum (Lindl.) Planch. ex Maxim.

常绿灌木。叶革质，卵形或椭圆状卵形，长3.5~5cm，宽1.9~2.5cm。花冠淡紫色、粉红色，内面具粉红色斑点。蒴果阔卵球形。花期4~5月，果期7~10月。生于山地灌丛中。

毛棉杜鹃

杜鹃花属

Rhododendron moulmainense Hook.

灌木或小乔木。叶厚革质，长圆状披针形，长5~12cm，宽2.5~8cm，边缘反卷。伞形花序；花冠粉红色，狭漏斗形。蒴果圆柱状。花期4~5月，果期7~12月。生于山地疏林或灌丛中。

杜鹃（映山红）

杜鹃花属

Rhododendron simsii Planch.

灌木。全株密被红褐色糙伏毛。叶椭圆形，长3.5~7cm，宽1~2.5cm。花冠阔漏斗形，上部裂片具深红色斑点，猩红色。花期4~5月，果期6~8月。生于山地疏灌丛或松林下。

凯里杜鹃（六角杜鹃）

杜鹃花属

Rhododendron westlandii Hemsl.

乔木。叶革质，长圆形或长圆状披针形，长8~14cm，宽2.5~4cm。伞形花序顶生，花冠白色或玫瑰色，漏斗状钟形。蒴果圆柱形。花期4~5月，果期8~9月。生于山谷密林中。

短尾越桔（福建乌饭树）

越桔属

Vaccinium carlesii Dunn

灌木或小乔木。叶片革质，卵状披针形，长2~7cm，宽1~2.5cm。总状花序；花冠白色，宽钟状。浆果球形。花期5~6月，果期8~10月。生于山地疏林、灌丛或常绿阔叶林内。

南烛（乌饭树）

越桔属

Vaccinium bracteatum Thunb.

灌木或小乔木。叶厚革质，卵状椭圆形，长2.5~6cm，宽约2cm，边缘有细锯齿。花冠白色，筒状或坛状。浆果熟时紫黑色。花期6~7月，果期8~10月。生于山坡林内或灌丛中。

江南越桔

越桔属

Vaccinium mandarinorum Diels

灌木或小乔木。叶片厚革质，卵形，长3~9cm，宽1.5~3cm。总状花序；花冠白色，有时带淡红色，微香。花期4~6月，果期6~10月。生于山坡灌丛或杂木林中或路边林缘。

（一百四十） 茶茱萸科 Icacinaceae

定心藤 定心藤属

Mappianthus iodoides Hand.-Mazz.

大藤本。叶对生，长椭圆形，长 8~17cm，宽 3~7cm，叶背赭黄色至紫红色。花序腋生，花冠黄色。核果椭圆形，熟时橙红色。花期 4~8 月，果期 6~12 月。生于疏林、灌丛及沟谷林内。

（一百四十一） 茜草科 Rubiaceae

水团花（水杨梅） 水团花属

Adina pilulifera (Lam.) Franch. ex Drake

灌木或小乔木。叶对生，椭圆形至椭圆状披针形，长 4~12cm，宽 1.5~3cm。头状花序腋生；花冠白色，窄漏斗状。小蒴果楔形。花期 6~7 月。生于山谷疏林下、旷野路旁或溪边。

细叶水团花（细叶水杨梅） 水团花属

Adina rubella Hance

落叶小灌木。叶对生，薄革质，卵状披针形，长 2.5~4cm，宽 8~12mm，全缘。花冠裂片三角状，紫红色。小蒴果长卵状楔形。花果期 5~12 月。生于溪边、河边、沙滩等处。

香楠（光叶山黄皮） 茜树属

Aidia canthioides (Champ. ex Benth.) Masam.

灌木或乔木。叶长圆状披针形，长 4~9cm，宽 1.5~7cm。聚伞花序腋生；花冠高脚碟形，白色或黄白色。浆果球形。花期 4~6 月，果期 5 月至翌年 2 月。生于山谷溪边、灌丛中或林中。

茜树　　茜树属

Aidia cochinchinensis Lour.

灌木或小乔木。嫩枝无毛。叶对生，椭圆形，长 5~22cm，宽 2~8cm。聚伞花序；花冠黄色或白色。浆果球形。花期 3~6 月，果期 5 月至翌年 2 月。生于山谷溪边的灌丛或林中。

流苏子（牛老药）　　流苏子属

Coptosapelta diffusa (Champ. ex Benth.) Steenis

藤本或攀缘灌木。叶卵状长圆形，长 2~9.5cm，宽 0.8~3.5cm。花冠白色，高脚碟状，被绢毛。蒴果扁球形；种子边缘有流苏状翅。花期 5~7 月，果期 5~12 月。生于丘陵林中或灌丛中。

多毛茜草树（毛山黄皮）　　茜树属

Aidia pycnantha (Drake) Tirveng.

灌木或乔木。叶革质，对生，长圆状椭圆形，长 10~20cm，宽 3~8cm。聚伞花序；花冠白色或淡黄色，高脚碟形。浆果球形。花期 3~9 月，果期 4~12 月。生于丘陵、山坡、山谷溪边林中。

狗骨柴　　狗骨柴属

Diplospora dubia (Lindl.) Masam

灌木或乔木。叶革质，卵状长圆形，长 4~19.5cm，宽 1.5~8cm。花腋生；花冠黄色。浆果近球形，熟时红色。花期 4~8 月，果期 5 月至翌年 2 月。生于山坡、丘陵、林中或灌丛中。

毛狗骨柴

狗骨柴属

Diplospora fruticosa Hemsl.

乔木。嫩枝有毛。叶长圆形，长 5.5~22cm，宽 2.5~8cm。花冠白色，裂片外反；雄蕊伸出。果近球形，熟时红色。花期 3~5 月，果期 6 月至翌年 2 月。生于山谷或溪边的林中或灌丛。

猪殃殃

拉拉藤属

Galium spurium L.

草本，多枝。叶 6~8 片轮生，带状倒披针形或长圆状倒披针形。聚伞花序腋生或顶生；花冠黄绿色或白色。花期 3~7 月，果期 4~11 月。生于山坡、沟边、林缘、草地。

四叶葎

拉拉藤属

Galium bungei Steud.

多年生草本。叶 4 片轮生，叶型变化大，卵状长圆形，长 0.6~3.4cm，宽 2~6mm。聚伞花序；花冠黄绿色或白色。花期 4~9 月，果期 5 至翌年 1 月。生于山地、丘陵、灌丛或草地。

栀子

栀子属

Gardenia jasminoides J. Ellis

常绿灌木。叶革质，叶长圆状披针形，长 3~25cm，宽 1.5~8cm。花单瓣，白色或乳黄色，高脚碟状。浆果椭圆形。花期 3~7 月，果期 5 月至翌年 2 月。生于丘陵、山坡、灌丛或林中。

剑叶耳草

耳草属

Hedyotis caudatifolia Merr. & F. P. Metcalf

直立粗壮草本。嫩枝方形；叶披针形，长 6~13cm，宽 1.5~2.5cm。聚伞花序；花冠白色或粉红色。蒴果长圆形。花期 5~6 月。生于林下、岩石上或草地上。

牛白藤

耳草属

Hedyotis hedyotidea (DC.) Merr.

草质藤本。叶对生，膜质，长卵形或卵形，长 4~10cm，宽 2.5~4cm。伞形花序腋生或顶生；花冠白色，管形。蒴果近球形。花果期几乎全年。生于沟谷灌丛或丘陵坡地。

伞房花耳草

耳草属

Hedyotis corymbosa L.

披散草本。叶对生，膜质，狭披针形，长 1~2cm，宽 1~3mm，两面略粗糙。伞房花序；花冠白色或粉红色。蒴果膜质。花果期几乎全年。生于水田、田埂或湿润的草地上。

粗毛耳草

耳草属

Hedyotis mellii Tutcher

直立粗壮草本。叶对生，纸质，卵状披针形，长 5~9cm。聚伞花序顶生和腋生，密被毛；花冠白色或淡紫色。蒴果椭圆形，被毛。花期 6~7 月。生于山地丛林或山坡上。

斜基粗叶木 粗叶木属

Lasianthus attenuatus Jack

灌木，高 1~2m。叶卵形基部偏斜，两边不对称，长 5~10cm，宽 2~4cm。花数朵簇生叶腋；花冠白色，近漏斗形。核果近球形，成熟时蓝色。花期秋季。生于密林中或林缘。

西南粗叶木（伏毛粗叶木） 粗叶木属

Lasianthus henryi Hutch.

灌木。叶纸质，长圆形，长 8~15cm，宽 2.5~5.5cm，背面脉被毛。花 2~4 朵簇生叶腋；花冠白色，外面被硬毛，狭管状。核果近球形，成熟时蓝色。生于林缘或疏林中。

罗浮粗叶木 粗叶木属

Lasianthus fordii Hance

灌木，高 1~2m。枝无毛。叶长圆状披针形，长 5~12cm，宽 2~4cm，尾尖。花簇生叶腋；花冠白色。核果近球形，成熟时蓝色。花期春季，果期秋季。生于林缘或疏林。

日本粗叶木（长尾粗叶木） 粗叶木属

Lasianthus japonicus Miq.

灌木。叶长圆形或披针状长圆形，长 9~15cm，宽 2~3.5cm，下面脉上被贴伏的硬毛。花常 2~3 朵簇生；花冠白色，管状漏斗形。核果球形，径约 5mm。生于山地林下。

黄棉木（大叶水杨梅） 黄棉木属

Metadina trichotoma (Zoll. & Moritzi) Bakh. f.

乔木。叶对生，长 6~15cm，宽 2~4cm，顶端尾状渐尖，基部渐尖。头状花序顶生；花冠白色，高脚碟状，雄蕊伸出。蒴果。花果期 4~12 月。生于林谷溪畔。

印度羊角藤 巴戟天属

Morinda umbellata L.

藤本，有时呈灌木状。叶倒卵形，长 6~9cm，宽 2~3.5cm。伞状花序顶生；花冠白色。聚花核果，成熟时红色。花期 6~7 月，果熟期 10~11 月。攀缘于山地林下、路旁的灌木上。

鸡眼藤 巴戟天属

Morinda parvifolia Bartl. ex DC.

攀缘藤本。叶对生，倒卵形，长 2~5cm，宽 0.3~3cm。花序 2~9 伞状排列；花冠白色。聚花果近球形，熟时橙红色。花期 4~6 月，果期 7~8 月。生于平原路旁、灌丛中或丘陵疏林下。

羊角藤 巴戟天属

Morinda umbellata L. subsp. *obovata* Y. Z. Ruan

藤本。叶倒卵形，长 6~9cm，宽 2~3.5cm。花序 3~11 伞状排列；花冠白色，稍呈钟状。聚花果成熟时红色。花期 6~7 月，果熟期 10~11 月。攀缘于山地林下、溪旁、路旁等的灌木上。

大叶玉叶金花

玉叶金花属

Mussaenda macrophylla Wall.

灌木。叶对生，长圆形至卵形，长 12~14cm，宽 8~9cm。聚伞花序；苞片大，长约 1cm；花大，橙黄色。浆果椭圆状。花期 6~7 月，果期 8~11 月。生于山地灌丛中或森林中。

大叶白纸扇

玉叶金花属

Mussaenda shikokiana Makino

直立或攀缘灌木。叶对生，薄纸质，广卵形或广椭圆形，长 10~20cm，宽 5~10cm。聚伞花序顶生；花冠黄色。浆果近球形。花期 5~7 月，果期 7~10 月。生于山地疏林下或路边。

玉叶金花（白纸扇）

玉叶金花属

Mussaenda pubescens W. T. Aiton

攀缘灌木。小枝密被短柔毛。叶膜质，卵状披针形，长 5~8cm，宽 2.5cm。聚伞花序顶生；花叶白色，花冠黄色。浆果近球形。花期 6~7 月。生于灌丛、溪谷、山坡或村旁。

华腺萼木（腺萼木）

腺萼木属

Mycetia sinensis (Hemsl.) Craib

灌木。叶长圆状披针形，长 8~20cm，宽 3~5cm。聚伞花序顶生，单生或 2~3 个簇生；花冠白色，狭管状。果近球形。花期 7~8 月，果期 9~11 月。生于密林下的沟溪边或林中路旁。

薄叶新耳草　新耳草属

Neanotis hirsuta (L. f.) W. H. Lewis

匍匐草本。叶卵形或椭圆形，长2~4cm，宽1~1.5cm，顶端短尖。花序腋生或顶生；花白色或浅紫色。蒴果扁球形。花果期7~10月。生于林下或溪旁湿地上。

广州蛇根草（广东蛇根草）　蛇根草属

Ophiorrhiza cantonensis Hance

匍匐草本或亚灌木。叶纸质，长圆状椭圆形，长12~16cm，全缘。圆锥状或伞房状花序顶生；花冠白色或微红色，近管状。蒴果僧帽状。花期冬春，果期春夏。生于密林下沟谷边。

广东新耳草　新耳草属

Neanotis kwangtungensis (Merr. & F. P. Metcalf) W. H. Lewis

匍匐草本。叶椭圆形，长4~6.5cm，宽约2cm。花序腋生和生于小枝顶端；花冠白色。蒴果近球形，萼裂片宿存。花果期8~9月。生于潮湿的缓坡或溪流两边的林下。

日本蛇根草　蛇根草属

Ophiorrhiza japonica Blume

草本。叶片纸质，卵形，狭披针形，长4~8cm，宽1~3cm。花序顶生，有花多朵；花冠白色或粉红色。蒴果近僧帽状。花期冬春，果期春夏。生于常绿阔叶林下的沟谷沃土上。

短小蛇根草　　蛇根草属

Ophiorrhiza pumila Champ. & Benth.

小草本。茎肉质，节上生根。叶对生，膜质，卵形或椭圆形，长 2~5.5cm，宽 1~2.5cm。聚伞花序顶生；花冠白色，近管状。蒴果菱形。花期早春。生于林下沟溪边或湿地上阴处。

九节　　九节属

Psychotria asiatica L.

灌木或小乔木。叶对生，革质，长圆形，长 5~23.5cm，宽 2~9cm，全缘。聚伞花序顶生；花冠白色，喉部被毛。核果红色。花果期全年。生于平地、丘陵、山谷灌丛或林中。

鸡矢藤（鸡屎藤）　　鸡矢藤属

Paederia foetida L.

藤本。叶对生，膜质，卵形或披针形，长 5~10cm，宽 2~4cm。聚伞花序腋生或顶生；花冠红紫色。果球形。花期 5~7 月。生于山坡、林缘、路边灌丛中或缠绕在灌木上。

溪边九节　　九节属

Psychotria fluviatilis Chun ex W. C. Chen

小灌木。叶对生，倒披针形，长 5~11cm，宽 1~4cm，无毛。聚伞花序顶生或腋生；花冠白色，管状，喉部被毛。果长圆形。花期 4~10 月，果期 8~12 月。生于山谷溪边林中。

假九节

九节属

Psychotria tutcheri Dunn

灌木。叶对生，长 5.5~22cm，宽 2~6cm。聚伞花序顶生或腋生；花冠白色或绿白色，管状。核果球形，成熟时红色。花期 4~7 月，果期 6~12 月。生于山坡、山谷溪边灌丛或林中。

多花茜草

茜草属

Rubia wallichiana Decne.

藤本。叶 4~6 片轮生，披针形，长 2~7cm，宽 0.5~2.5cm。圆锥花序腋生和顶生；花冠紫红色、绿黄色、白色。浆果黑色。生于林中、林缘和灌丛中，攀于树上或村庄绿篱上。

金剑草

茜草属

Rubia alata Wall.

草质攀缘藤本。叶 4 片轮生，薄革质，线形，长 3.5~9cm，宽 0.4~2cm。花序腋生或顶生；花冠白色或淡黄色。花期夏秋，果期秋冬。生于山坡林缘、灌丛中、村边和路边。

白花蛇舌草（白花十字草）

耳草属

Scleromitrion diffusum (Willd.) R. J. Wang

一年生披散草本。植株纤细，无毛。叶对生，膜质，线形，长 1~3cm，宽 1~3mm。花常单生，花冠白色。蒴果膜质，扁球形。花期春季。生于水田、田埂和湿润处。

阔叶丰花草 丰花草属

Spermacoce alata Aubl.

草本。茎和枝均为四棱柱形。叶椭圆形，长2~7.5cm，宽1~4cm。花冠漏斗形，浅紫色。蒴果椭圆形。花果期5~7月。原产南美洲，现已逸为野生，多见于废墟和荒地上。

钩藤 钩藤属

Uncaria rhynchophylla (Miq.) Miq. ex Havil.

木质藤本。侧枝有钩刺。叶无毛，纸质，椭圆形，长5~12cm，宽3~7cm，背面有白粉。头状花序；花黄绿色，花柱伸出冠喉外。花果期5~12月。生于山谷疏林或灌丛中。

白花苦灯笼 乌口树属

Tarenna mollissima (Hook. & Arn.) B. L. Rob.

灌木。全株密被灰褐色柔毛。叶披针形，长4.5~25cm，宽1~10cm。聚伞花序顶生；花冠白色。果近球形。花期5~7月，果期5月至翌年2月。生于山地、丘陵、林中或灌丛中。

（一百四十二）马钱科 Loganiaceae

华马钱（三脉马钱） 马钱属

Strychnos cathayensis Merr.

木质藤本。小枝常变态成为成对的螺旋状曲钩。叶近革质，长6~10cm，宽2~4cm。聚伞花序；花冠白色，5数。浆果圆球状。花期4~6月，果期6~12月。生于山地疏林下或山坡灌丛中。

（一百四十三）钩吻科 Gelsemiaceae

钩吻（断肠草）

断肠草属

Gelsemium elegans (Gardner & Champ.) Benth.

常绿木质藤本。叶对生，膜质，长 5~12cm，宽 2~6cm。三歧聚伞花序；花冠黄色，漏斗状。蒴果椭圆形。花期 5~11 月，果期 7 月至翌年 3 月。生于山地路旁灌木丛中或山坡疏林下。

（一百四十四）夹竹桃科 Apocynaceae

筋藤

链珠藤属

Alyxia levinei Merr.

攀缘灌木。具乳汁。叶对生或 3 叶轮生。聚伞花序单生；花冠白紫色，高脚碟状。核果椭圆状。花期 3~8 月，果期 8 月至翌年 6 月。生于山地疏林下或山谷、水沟旁。

链珠藤

链珠藤属

Alyxia sinensis Champ. ex Benth.

藤状灌木。叶革质，倒卵形，长 1.5~3.5cm，宽 0.8~2cm，边缘反卷。聚伞花序；花冠先淡红色后退变白色。核果 2~3 颗组成念珠状。花期 4~9 月，果期 5~11 月。生于矮林或灌木丛中。

鳝藤

鳝藤属

Anodendron affine (Hook. & Arn.) Druce

攀缘灌木。有乳汁，叶长圆状披针形。聚伞花序顶生；花冠裂片镰刀状披针形，黄绿色。蓇葖果椭圆形。花期 11 月至翌年 4 月，果期翌年 6~8 月。生于山地稀疏杂林中。

刺瓜

鹅绒藤属

Cynanchum corymbosum Wight

藤本。叶薄纸质，卵形。聚伞花序；花冠绿白色，近辐状；副花冠杯状。蓇葖果纺锤状，具弯刺。花期5~10月，果期8月至翌年1月。生于山地溪边、灌木丛中及疏林处。

台湾醉魂藤

醉魂藤属

Heterostemma brownii Hayata

木质藤本。叶卵圆形，长7~10cm，宽3.4~5.5cm，叶柄顶端具腺体。聚伞花序伞形状；花冠近钟状，黄色，上部边缘反卷。花期5~8月。蓇葖果窄披针状圆柱形。生于山地疏林中。

匙羹藤

匙羹藤属

Gymnema sylvestre (Retz.) R.Br. ex Sm.

木质藤本。具乳汁。叶倒卵形，长3~8cm，宽1.5~4cm。聚伞花序；花冠绿白色，钟状。蓇葖果卵状披针形。花期5~9月，果期10月至翌年1月。生于山坡林中或灌木丛中。

牛奶菜

牛奶菜属

Marsdenia sinensis Hemsl.

木质藤本，全株被茸毛。叶卵圆状心形，长8~12cm，宽5~7.5cm。伞形状聚伞花序腋生；花冠白色或淡黄色。种子卵圆形，扁平。花期夏季，果期秋季。生于山谷疏林中。

蓝叶藤 牛奶菜属

Marsdenia tinctoria R. Br.

攀缘灌木。叶长 5~12cm，宽 2~5cm，鲜时绿色，干后蓝色。聚伞圆锥花序；花黄白色，干后蓝黑色。蓇葖果圆筒状披针形。花期 3~5 月，果期 8~12 月。生于潮湿杂木林中。

羊角拗 羊角拗属

Strophanthus divaricatus (Lour.) Hook. & Arn.

灌木。叶椭圆状长圆形，长 3~10cm。花黄色，花冠漏斗状，裂片顶端延长成一长尾。蓇葖果叉生。花期 3~7 月，果期 6 月至翌年 2 月。生于山地、路旁疏林中或灌丛中。

帘子藤 帘子藤属

Pottsia laxiflora (Blume) Kuntze

攀缘灌木。具乳汁。叶薄纸质，卵圆形，长 6~12cm，宽 3~7cm。聚伞花序；花冠紫红色。蓇葖果双生，线状长圆形，下垂，长达 40cm。花期 4~8 月，果期 8~10 月。生于山地疏林中。

锈毛弓果藤 弓果藤属

Toxocarpus fuscus Tsiang

攀缘灌木。叶纸质，宽卵状长圆形，长9~15cm，宽 5~5.8cm，叶背具黄色柔毛。聚伞花序腋生；花冠黄色，副花冠裂片卵圆形。花期 5 月。生于山地疏林中。

络石

络石属

Trachelospermum jasminoides (Lindl.) Lem.

木质藤本。叶椭圆形，长2~10cm，宽1~4.5cm。二歧聚伞花序；花白色，芳香。蓇葖果双生。花期3~7月，果期7~12月。生于路旁、林缘或杂木林中，常缠绕于树上或墙壁上。

七层楼

娃儿藤属

Tylophora floribunda Miq.

缠绕藤本。具乳汁；根须状，黄白色。叶卵状披针形。聚伞花序广展；花淡紫红色。蓇葖双生，叉开，线状披针形。花期5~9月，果期8~12月。生于灌木丛中或疏林中。

酸叶胶藤

水壶藤属

Urceola rosea (Hook. & Arn.) D. J. Middleton

木质大藤本。具乳汁。叶有酸味，阔椭圆形，长3~7cm，宽1~4cm。聚伞花序圆锥状；花小，粉红色。蓇葖2枚叉开近直线。花期4~12月，果期7月至翌年1月。生于山地杂木林中。

（一百四十五）紫草科 Boraginaceae

柔弱斑种草

斑种草属

Bothriospermum zeylanicum (J. Jacq.) Druce

一年生草本。叶椭圆形，长1~2.5cm，宽0.5~1cm。花序柔弱细长；花冠蓝色或淡蓝色。小坚果肾形。花果期2~10月。生于山坡路边、田间草丛、山坡草地。

小花琉璃草

琉璃草属

Cynoglossum lanceolatum Forssk.

多年生草本。茎密生毛。叶长圆状披针形，长8~14cm，宽约3cm。花冠淡蓝色，钟状。小坚果卵球形，密生刺。花果期4~9月。生于丘陵、山坡草地及路边。

长花厚壳树

厚壳树属

Ehretia longiflora Champ. ex Benth.

乔木。叶椭圆形，长8~12cm，宽3.5~5cm，全缘。聚伞花序生侧枝顶端；花冠白色，筒状钟形。核果淡黄色或红色。花期4月，果期6~7月。生于山地路边、山坡疏林及山谷密林。

附地菜

附地菜属

Trigonotis peduncularis (Trevis.) Benth. ex Baker & S. Moore

草本。基生叶呈莲座状，叶片匙形，长2~5cm。花序生茎顶；花冠淡蓝色。小坚果4，斜三棱锥状四面体形。早春开花，花期甚长。生于平原、丘陵草地、田间及荒地。

（一百四十六）旋花科 Convolvulaceae

菟丝子

菟丝子属

Cuscuta chinensis Lam.

一年生寄生草本。茎缠绕，无叶。花序侧生；花冠白色，壶形，向外反折。蒴果球形，宿存花冠包围。生于田边、山坡阳处、路边灌丛。常寄生于豆科、菊科等植物上。

金灯藤

菟丝子属

Cuscuta japonica Choisy

一年生寄生缠绕草本。无叶。花无柄，穗状花序；花冠钟状，淡红色或绿白色。蒴果卵圆形，近基部周裂。花期8月，果期9月。寄生于草本或灌木上。

土丁桂

土丁桂属

Evolvulus alsinoides (L.) L.

多年生草本。叶长圆形，椭圆形或匙形，长1.5~2.5cm，宽0.5~0.9cm。花冠辐状，蓝色或白色。蒴果球形，无毛，4瓣裂；种子黑色，平滑。花期5~9月。生于草坡、灌丛及路边。

飞蛾藤

飞蛾藤属

Dinetus racemosus (Wall.) Buch.-Ham. ex Sweet

攀缘或缠绕藤本。叶卵形，长6~11cm，宽5~10cm，基部深心形；掌状脉基出，7~9条。圆锥花序腋生；苞片叶状；花冠漏斗形，白色。果棕褐色。多生于灌丛。

毛牵牛

番薯属

Ipomoea biflora (L.) Pers.

攀缘或缠绕草本。茎被灰白色倒向硬毛。叶心形或心状三角形，长4~9.5cm，宽3~7cm。花序腋生，花冠白色，狭钟状。蒴果近球形；种子4。生于山坡、山谷、路旁或林下。

五爪金龙　　番薯属

Ipomoea cairica (L.) Sweet

多年生缠绕草本。全体无毛，叶掌状 5 深裂或全裂，长 4~5cm，宽 2~2.5cm。聚伞花序腋生，花冠漏斗状，淡紫色。蒴果近球形，4 瓣裂。生于平地或山地路边灌丛向阳处。

三裂叶薯　　番薯属

Ipomoea triloba L.

草本，茎缠绕或有时平卧。叶宽卵形至圆形，长 2.5~7cm，宽 2~6cm。花序腋生；花冠漏斗状，淡红色或淡紫红色。蒴果近球形。生于丘陵路旁、荒草地或田野。原产热带美洲。

牵牛（裂叶牵牛）　　番薯属

Ipomoea nil (L.) Roth

一年生缠绕草本。叶、茎被刚毛。叶宽卵形，3 裂，长 4~15cm，宽 4.5~14cm。花腋生，花冠漏斗状，蓝紫色或紫红色。蒴果近球形。生于山坡灌丛、路边、园边宅旁等处。

篱栏网（鱼黄草）　　鱼黄草属

Merremia hederacea (Burm. f.) Hallier f.

缠绕或匍匐草本。叶心状卵形，长 1.5~7.5cm，宽 1~5cm，全缘，无毛。聚伞花序腋生；花小，花冠黄色，钟状。蒴果扁球形，内含种子 4 颗。生于灌丛或路旁草丛。

（一百四十七） 茄科 Solanaceae

红丝线（十萼茄） 红丝线属

Lycianthes biflora (Lour.) Bitter

灌木或亚灌木。叶椭圆状卵形，长 5~10cm，宽 2~7cm。花生于叶腋；花冠淡紫色或白色，花萼 10 枚。浆果球形，红色。花期 5~8 月，果期 7~11 月。生于林下、路旁、水边及山谷中。

喀西茄 茄属

Solanum khasianum C. B. Clarke

草本至亚灌木。全株被硬刺。叶阔卵形，长宽等同 6~12cm，5~7 深裂，叶面带刺。花白色。浆果球状，成熟时淡黄色。花期春夏，果熟期冬季。生于沟边、路边灌丛、荒地。

少花龙葵 茄属

Solanum americanum Mill.

草本。茎披散具棱，无刺。叶卵状椭圆形或卵状披针形，长 6~13cm，宽 2~4cm，被毛。伞形花序，有花 4~6 朵；花冠白色。果球形，黑色。花果期全年。生于溪边、路边、荒地。

白英 茄属

Solanum lyratum Thunb. ex Murray

草质藤本。叶互生，多数为琴形，长 3.5~5.5cm，宽 2.5~4.8cm。聚伞花序；花冠蓝紫色或白色。浆果球状，成熟时红色。花期夏秋，果熟期秋末。生于山谷草地或路旁。

龙葵 茄属

Solanum nigrum L.

一年生直立草本。茎无棱。叶卵形，长2.5~10cm，宽1.5~5.5cm，叶面光滑。蝎尾状花序腋外生；花冠白色。浆果球形，熟时黑色；种子多数，两侧压扁。生于田边、荒地及村庄附近。

（一百四十八） 木樨科 Oleaceae

扭肚藤 茉莉属

Jasminum elongatum (Bergius) Willd.

攀缘灌木。单叶对生，纸质，长2.5~7cm，宽2~5.5cm。聚伞花序顶生；花冠白色，微香。果卵状长圆形，熟时黑色。花期4~12月，果期8月至翌年3月。生于灌木丛、混交林及沙地。

清香藤（光清香藤） 茉莉属

Jasminum lanceolarium Roxb.

大型攀缘灌木。三出复叶，小叶片椭圆形。复聚伞花序；花冠白色，高脚碟状。果球椭圆形，黑色。花期4~10月，果期6月至翌年3月。生于山坡、灌丛、山谷密林中。

华素馨（华清香藤） 茉莉属

Jasminum sinense Hemsl.

缠绕藤本。叶对生，三出复叶。聚伞花序；花冠白色或淡黄色，高脚碟状，芬芳。果长圆形，黑色。花期6~10月，果期9月至翌年5月。生于山坡、灌丛或林中。

小蜡（山指甲） 女贞属

Ligustrum sinense Lour.

灌木或小乔木。叶片纸质或薄革质，卵形，长2~7cm，宽1~3cm。圆锥花序顶生或腋生，塔形，花白色，芬芳。果球形。花期3~6月，果期9~12月。生于山坡、路边、河边，常见栽培。

光萼小蜡 女贞属

Ligustrum sinense Lour. var. *myrianthum* (Diels) Hoefker

灌木。幼枝、花序轴和叶柄密被锈毛。叶片革质，长椭圆状披针形、椭圆形。花序腋生；花白色。花期5~6月，果期9~12月。生于山坡、山谷、溪边的密林、疏林。

云南木犀榄（异株木犀榄） 木樨榄属

Olea tsoongii (Merr.) P. S. Green

灌木或乔木。叶片革质，倒披针形、倒卵状椭圆形，长3~13cm，宽1.5~6cm。花序腋生，圆锥状；花白色、淡黄色或红色。花期2~11月，果期7~11月。生于疏、密林中及灌丛中。

（一百四十九）苦苣苔科 Gesneriaceae

华南半蒴苣苔 半蒴苣苔属

Hemiboea follicularis C. B. Clarke

多年生草本。叶对生，卵状披针形，长3~18cm，宽1.8~8cm。花冠隐藏于总苞中，白色，筒钟形。蒴果长椭圆状披针形。花期6~8月，果期9~11月。生于林下阴湿石上或沟边石缝中。

长瓣马铃苣苔 马铃苣苔属

Oreocharis auricula (S. Moore) C. B. Clarke

多年生草本。叶基生，椭圆形，长 2~8.5cm，宽 2~6.5cm，全缘。聚伞花序；花冠细筒状，蓝紫色，上唇 2 裂，下唇 3 裂。蒴果。花期 6~7 月，果期 8 月。生于山谷、沟边及林下潮湿岩石上。

牛耳朵 唇柱苣苔属

Primulina eburnea (Hance) Yin Z. Wang

多年生草本。叶大，卵形或狭卵形，长 5~17cm，宽 3~9.5cm，全缘。聚伞花序；花冠紫色或淡紫色，喉部黄色。蒴果被短柔毛。花期 4~7 月。生于石灰山林中石上或沟边林下。

石上莲 马铃苣苔属

Oreocharis benthamii C. B. Clarke var. *reticulata* Dunn

多年生草本。叶丛生，具长柄；叶脉在下面明显隆起，并结成网状，叶背被短柔毛。聚伞花序 2~3 次分枝，花冠细筒状，淡紫色。花期 8 月，果期 10 月。生于山地岩石上。

蚂蝗七（蚂蟥七） 唇柱苣苔属

Primulina fimbrisepala (Hand.-Mazz.) Y. Z. Wang

多年生草本。叶均基生，卵形、宽卵形或近圆形，长 4~10cm，宽 3.5~11cm。聚伞花序；花冠紫色。蒴果；种子纺锤形。花期 3~4 月。生于山地林中石上、石崖上或山谷溪边。

（一百五十）车前科 Plantaginaceae

沼生水马齿（水马齿） 水马齿属

Callitriche palustris L.

一年生草本。叶互生，呈莲座状，浮于水面，倒卵形，长 4~6mm，宽约 3mm。花单性同株，单生叶腋，淡黄绿色。果倒卵状椭圆形。生于静水中或沼泽地水中或湿地。

蚊母草 婆婆纳属

Veronica peregrina L.

矮小草本。自基部多分枝。叶无柄，下部的倒披针形，上部的长矩圆形，长 1~2cm，宽 2~6mm。总状花序；花冠白色或浅蓝色。蒴果倒心形。花期 5~6 月。生于潮湿荒地、路边。

车前（车前草） 车前属

Plantago asiatica L.

草本。叶基生呈莲座状，叶长 4~12cm，宽 2.5~6.5cm，两面疏生短柔毛。花序 3~10 个，花白色。蒴果纺锤状卵形。花期 4~8 月，果期 6~9 月。生于草地、沟边、田边、路旁或村边。

阿拉伯婆婆纳 婆婆纳属

Veronica persica Poir.

铺散多分枝草本。叶卵形或圆形，长 0.6~2cm，宽 0.5~1.8cm。总状花序很长；花冠蓝色、紫色或蓝紫色。蒴果肾形；种子背面具深的横纹。花期 3~5 月。生于路边及荒野。

（一百五十一）玄参科 Scrophulariaceae

白背枫（驳骨丹） 醉鱼草属

Buddleja asiatica Lour.

直立灌木。叶对生，叶片膜质至纸质，狭椭圆形，长 6~30cm，宽 1~7cm。圆锥花序；花冠白色或浅绿色，芳香。蒴果椭圆状。花果期几全年。生于向阳山坡灌丛中或林缘。

（一百五十二）母草科 Linderniaceae

泥花草 母草属

Lindernia antipoda (L.) Alston

一年生草本。枝基部匍匐。叶长 0.3~4cm，宽 0.6~1.2cm，近于抱茎。总状花序顶生，花冠紫色、紫白色或白色。蒴果圆柱形。花果期春至秋季。生于田边及潮湿的草地中。

母草 母草属

Lindernia crustacea (L.) F. Muell.

草本。茎无毛。叶卵形，长 1~2cm，宽 5~11mm。总状花序顶生；花冠紫色，上唇直立，有时 2 浅裂，下唇 3 裂。果椭圆形。花果期全年。生于田边、草地、路边等低湿处。

荨麻母草 母草属

Lindernia elata (Benth.) Wettst.

一年生直立草本。叶三角状卵形，长 1.2~2cm，宽几相等，边缘有齿，两面被毛。花冠小，紫红色或蓝色。蒴果椭圆形。花期 7~10，果期 9~11 月。生于稻田、草地和砂质土壤中。

狭叶母草

母草属

Lindernia micrantha D. Don

一年生草本。叶片条状披针形，长 1~4cm，宽 2~8mm。花单生于叶腋；花冠蓝紫色或白色。蒴果条形；种子矩圆形。花期 5~10 月，果期 7~11 月。生于水田、河流旁等低湿处。

陌上菜

母草属

Lindernia procumbens (Krock.) Borbás

直立草本。叶无柄，椭圆形至矩圆形多少带菱形，长 1~2.5cm，宽 6~12mm。花单生于叶腋；花冠粉红色或紫色，上唇 2 浅裂，下唇裂。花期 7~10 月，果期 9~11 月。生于水边及潮湿处。

红骨母草（红骨草）

母草属

Lindernia mollis (Benth.) Wettst.

一年生匍匐草本。叶变化大，披针状矩圆形至卵形，长 2~6cm，宽 0.7~2.5cm。花冠上唇 2 浅裂，下唇 3 裂。蒴果长卵圆形。花期 7~10 月，果期 9~11 月。生于荒芜田野、山坡、水流旁等处。

旱田草

母草属

Lindernia ruellioides (Colsm.) Pennell

草本。全株无毛。叶椭圆形，长1~4cm，宽0.6~2cm，边缘有锐锯齿。总状花序顶生；花冠紫红色，上唇2裂，下唇3裂。果柱形。花期6~9月，果期7~11月。生于草地、平原及林下。

黏毛母草（粘毛母草） 母草属

Lindernia viscosa (Hornem.) Bold.

一年生草本。下部叶长可达 5cm；上部叶渐宽短，半抱茎。总状花序；花冠白色或微带黄色，上唇 2 裂，下唇 3 裂。蒴果球形。花期 5~8 月，果期 9~11 月。生于林中及岩石旁。

毛叶蝴蝶草 蝴蝶草属

Torenia benthamiana Hance

草本。全株被密毛。叶片卵形，长 1.5~2.2cm，宽 1~1.8cm。花冠紫红色或淡蓝紫色，上唇 2 裂，下唇 3 裂。蒴果长椭圆形。花果期 8 月至翌年 5 月。生于山坡、路旁或溪旁阴湿处。

长叶蝴蝶草（光叶蝴蝶草） 蝴蝶草属

Torenia asiatica L.

一年生草本。叶卵形或卵状披针形，长 2~3.5cm，宽 1~1.8cm，边缘具齿。花冠暗紫色；下唇 3 裂，各有 1 蓝色斑块。蒴果长椭圆形。花果期 5~11 月。生于沟边湿润处。

黄花蝴蝶草（黄花翼萼） 蝴蝶草属

Torenia flava Buch.-Ham. ex Benth.

直立草本。叶卵形或椭圆形，长 3~5cm，宽 1~2cm。总状花序顶生；花冠裂片 4 枚，黄色。蒴果狭长椭圆形。花果期 6~11 月。生于空旷干燥处及林下溪旁湿处。

紫斑蝴蝶草

母草属

Torenia fordii Hook. f.

草本。叶片宽卵形，长3~5cm，宽2.5~4cm。总状花序顶生；花冠黄色，下唇3裂，两侧裂片先端蓝色，中裂片先端橙黄色。蒴果圆柱状。花果期7~10月。生于山边、溪旁或疏林下。

紫萼蝴蝶草

蝴蝶草属

Torenia violacea (Azaola ex Blanco) Pennell

直立草本。叶片卵形，长2~4cm，宽1~2cm，两面疏被柔毛。伞形花序或单生叶腋；花白色，带紫色斑。蒴果。花果期8~11月。生于山坡草地、林下、田边及路旁潮湿处。

（一百五十三）爵床科 Acanthaceae

白接骨

白接骨属

Asystasia neesiana (Wall.) Nees

多年生草本。茎稍棱。叶卵形或椭圆形，长5~20cm。总状花序顶生；花冠淡紫红色，漏斗状，5裂。果长椭圆形。花期6~9月，果期10月至翌年1月。生于林下或溪边。

水蓑衣

水蓑衣属

Hygrophila ringens (L.) R. Br. ex Spreng.

草本。茎四棱形。叶纸质，狭披针形，长4~11.5cm，宽0.8~1.5cm。花小，簇生叶腋；花冠淡紫色或粉红色，二唇形。花期秋季。生于溪沟边或洼地等潮湿处。

叉序草

叉序草属

Isoglossa collina (T. Anderson) B. Hansen

草本。叶片卵状椭圆形，长 3.5~11cm，宽 2~4.8cm。多次二歧分叉的聚散伞花序顶生或腋生；花冠粉红色或白色，漏斗状。蒴果。生于山坡阔叶林下或溪边阴湿地。

爵床

爵床属

Justicia procumbens L.

草本，高 20~50cm。节间膨大。叶小，长 1.5~3.5cm，宽 1.2~2cm。穗状花序顶生；花冠粉红色，二唇形，下唇 3 浅裂。蒴果长约 5mm。花期春季。生于山坡林间草丛中。

华南爵床（华南野靛棵）

爵床属

Justicia austrosinensis H. S. Lo

草本。茎 4 棱，有槽。叶卵形，长 5~10cm，背面中脉被硬毛。穗状花序几无总花梗；花冠黄绿色，上唇微凹，下唇 3 裂。蒴果。生于山地水边、山谷疏林或密林中。

纤穗爵床

纤穗爵床属

Leptostachya wallichii Nees

草本，高达 1m。叶对生，卵形，长 7~11cm，宽 2.5~3cm，镰刀状渐尖。圆锥花序顶生；花白色，花冠管短钟形，冠檐 5 裂。生于山地森林中。

九头狮子草　山蓝属

Peristrophe japonica (Thunb.) Bremek.

草本。叶卵状矩圆形，长 1.5~2.5cm，宽 5~12mm。花序顶生或腋生；花冠粉红色至淡紫色。蒴果长 1~1.2cm；种子有小疣状突起。花期 5~9 月。生于路边、草地或林下。

曲枝假蓝（曲枝马蓝）　马蓝属

Strobilanthes dalzielii (W. W. Sm.) Benoist

亚灌木或多年生草本。茎“之”字形。叶卵形到卵状披针形，边缘有锯齿形。穗状花序，花冠紫蓝色或白色。蒴果线形长圆形。花期 11 月。生于林下或林缘的灌丛中。

板蓝（马蓝）　马蓝属

Strobilanthes cusia (Nees) Kuntze

多年生草本。茎节间膨大。叶大，椭圆形，长 10~20cm，宽 4~9cm，侧脉每边约 8 条。穗状花序直立；花冠蓝色。蒴果无毛；种子卵形。花期 11 月。常生于潮湿地方。

球花马蓝　马蓝属

Strobilanthes dimorphotricha Hance

草本。茎有“之”字形曲折。叶不等大，边缘有齿。花序头状，近球形；花冠紫红色，稍弯曲。蒴果长圆状棒形。花期 8 月至翌年 2 月。生于丘陵上的灌木丛、溪边。

薄叶马蓝（黄猄草）

马蓝属

Strobilanthes labordei H. Lév.

草本。茎铺散和平卧，被长柔毛，分枝。叶具柄，小卵形，长 2~3cm，宽 1.5~2cm。不发达的头状花序；花萼明显与被白色硬毛；花蓝色或堇色。生于山地林下潮湿处。

四子马蓝

马蓝属

Strobilanthes tetrasperma (Champ. ex Benth.) Druce

草本。茎细瘦。叶纸质，椭圆形，长 2~7cm，宽 1~2.5cm，两面无毛。穗状花序密集；苞片叶状；花冠淡红色或淡紫色。蒴果长约 10mm，顶部被柔毛。花期秋季。生于密林中。

（一百五十四） 唇形科 Lamiaceae

金疮小草

筋骨草属

Ajuga decumbens Thunb.

草本。叶匙形、倒卵状披针形，长 14cm，宽 5cm，两面被柔毛。轮伞花序；花冠淡蓝色或淡红紫色，筒状。小坚果。花期 3~7 月，果期 5~11 月。生于溪边、路旁及草坡上。

紫背金盘

筋骨草属

Ajuga nipponensis Makino

草本。茎四棱形，基部带紫色。叶片纸质，阔椭圆形或卵状椭圆形。轮伞花序多花；花冠淡蓝色或蓝紫色。花期 4~6 月，果期 5~7 月。生于田边、草地、林内及向阳坡。

广防风　　广防风属

Anisomeles indica (L.) Kuntze

草本。植株有特殊气味。茎4棱。叶阔卵形，长4~9cm，宽3~6.5cm。轮伞花序；花冠淡紫色，冠檐二唇形。小坚果黑色。花期8~9月，果期9~11月。生于林缘、路旁荒地上。

藤紫珠（粤赣紫珠）　　紫珠属

Callicarpa integerrima Champ. ex Benth. var. *chinensis* (C. Pei) S. L. Chen

攀缘状灌木。叶阔椭圆形，长6~11cm，宽3~7cm，边缘全缘，背面密被星状毛。聚伞花序；花冠紫红色至蓝紫色。果紫色。花期5~7月，果期8~11月。生于山坡林中、谷地溪边。

华紫珠　　紫珠属

Callicarpa cathayana H. T. Chang

灌木。叶长4~8cm，宽1.5~3cm，有显著的红色腺点，边缘密生细锯齿。聚伞花序；花冠紫红色。果实球形，紫色。花期5~7月，果期8~11月。生于山坡、谷地的丛林中。

枇杷叶紫珠　　紫珠属

Callicarpa kochiana Makino

灌木或小乔木。叶椭圆形，长12~22cm，宽4~8cm，背面密被星状毛。聚伞花序宽；花冠淡红色或紫红色。果球形。花期7~8月，果期9~12月。生于山坡或谷地溪旁林中和灌丛中。

广东紫珠

紫珠属

Callicarpa kwangtungensis Chun

灌木。叶片狭椭圆状披针形，长 15~26cm，宽 3~5cm，两面无毛。聚伞花序；花冠白色或带紫红色。果实球形。花期 6~7 月，果期 8~10 月。生于山坡林中或灌丛中。

杜虹花

紫珠属

Callicarpa pedunculata R. Br.

灌木。叶片卵状椭圆形，长 6~14cm，宽 3~5cm，边缘有锯齿，叶背密被黄毛。聚伞花序；花冠紫红色。果实近球形，紫色。花期 5~7 月，果期 8~11 月。生于平地、山坡和溪谷。

尖尾枫

紫珠属

Callicarpa longissima (Hemsl.) Merr.

灌木或小乔木。小枝紫褐色，四棱形。叶披针形，长 13~25cm，宽 2~7cm。花小而密集，花冠淡紫色。果实扁球形。花期 7~9 月，果期 10~12 月。生于荒野、山坡、谷地丛林中。

红紫珠

紫珠属

Callicarpa rubella Lindl.

灌木。叶倒卵形，长 10~15cm，宽 4~8cm，背面密被星状毛和黄色腺点。聚伞花序；花冠紫红色、黄绿色或白色。花期 5~7 月，果期 7~11 月。生于山坡、河谷的林中或灌丛中。

兰香草 莸属

Caryopteris incana (Thunb. ex Houtt.) Miq.

小灌木。叶长 1.5~9cm，宽 0.8~4cm，边缘有粗齿。聚伞花序，花萼杯状，花冠淡紫色或淡蓝色，二唇形。蒴果倒卵状球形。花果期 6~10 月。生于较干旱的山坡、路旁或林边。

大青 大青属

Clerodendrum cyrtophyllum Turcz.

小乔木。叶椭圆形，长 6~20cm，宽 3~9cm，背面常有腺点。花冠白色。果实球形，熟时蓝紫色，宿萼红色。花果期 6 月至翌年 2 月。生于平原、丘陵、山地林下或溪谷旁。

灰毛大青 大青属

Clerodendrum canescens Wall. ex Walp.

灌木。全株密被灰色长柔毛。叶心形或阔卵形，长 6~18cm，宽 4~15cm，边缘粗齿。顶生花序；花冠白色变红色，冠管比萼管倍长。花果期 4~10 月。生于山坡路边或疏林中。

白花灯笼（鬼灯笼） 大青属

Clerodendrum fortunatum L.

灌木。叶长圆形、卵状椭圆形，长 5~17cm，宽达 5cm，边缘浅波状齿。花萼紫红色；花冠白色或淡红色。果近球形，熟时紫蓝色。花果期 6~11 月。生于丘陵、山坡、路边、村旁。

赪桐

大青属

Clerodendrum japonicum (Thunb.) Sweet

灌木。叶片圆心形，长 8~35cm，宽 6~27cm。圆锥花序顶生；花冠红色，雄蕊长，伸出花冠外面。果实椭圆状球形。花果期 5~11 月。生于平原、山谷、溪边或疏林，有栽培。

海通

大青属

Clerodendrum mandarinorum Diels

乔木。叶卵状椭圆形、卵形或心形，长10~27cm，宽 6~20cm。花序顶生；冠白色或淡紫色，雄蕊及花柱伸出花冠外。核果近球形。花果期 7~12 月。生于溪边、路旁或丛林中。

尖齿臭茉莉

大青属

Clerodendrum lindleyi Decne. ex Planch.

灌木。叶缘有齿。伞房状聚伞花序密集，顶生，花冠紫红色或淡红色，雄雌蕊伸出花冠外。核果近球形，熟时蓝黑色。花果期 6~11 月。生于山坡、沟边、杂木林或路边。

风轮菜

风轮菜属

Clinopodium chinense (Benth.) Kuntze

草本。叶卵圆形，长 2~4cm，宽 1.3~2.6cm，两面疏被毛。轮伞花序腋生；花冠紫红色，上唇 2 裂，下唇 3 裂。小坚果倒卵形。花期 5~8 月，果期 8~10 月。生于草丛、路边、沟边等处。

细风轮菜

风轮菜属

Clinopodium gracile (Benth.) Matsum.

草本。叶卵形或披针形，长1.2~3.4cm，宽1~2.4cm，叶面近无毛，轮伞花序顶生；花冠白色至紫红色。小坚果卵球形。花期6~8月，果期8~10月。生于路旁、沟边、草地等处。

香茶菜

香茶菜属

Isodon amethystoides (Benth.) H. Hara

草本。叶倒卵圆形或菱状卵圆形，先端三角形锐尖。圆锥花序顶生；花冠蓝白色或紫色，上唇带紫蓝色。小坚果近圆球形。花期6~10月，果期9~11月。生于林下或草丛湿润处。

中华锥花

锥花属

Gomphostemma chinense Oliv.

草本。叶椭圆形，草质，长4~13cm，宽2~7cm，两面密被毛。聚伞花序；花冠浅黄色至白色，上唇2裂，下唇3裂。果脐小。花期7~8月，果期10~12月。生于山谷湿地密林下。

线纹香茶菜

香茶菜属

Isodon lophanthoides (Buch.-Ham. ex D. Don) H. Hara

草本。植株密被黄色腺点。叶卵形，长1.5~8.5cm，宽0.5~5.3cm。圆锥花序顶生及侧生；花冠白色或粉红色，具紫色斑点。坚果。花果期8~12月。生于沼泽地上或林下潮湿处。

线纹香茶菜细花变种　　香茶菜属

Isodon lophanthoides (Buch.-Ham. ex D. Don) H. Hara var. *graciliflorus* (Benth.) H. Hara

草本。茎高40~100cm。叶卵状披针形至披针形，长5~8.5cm，宽1.5~3.5cm，先端渐尖，上面微粗糙至近无毛，下面脉上微粗糙，满布褐色腺点，干后常带红褐色。生于田间或山谷水边。

益母草　　益母草属

Leonurus japonicus Houttuyn

草本。叶轮廓变化很大，裂片呈长圆状菱形至卵圆形，长2.5~6cm，宽1.5~4cm。轮伞花序腋生。花冠粉红色至淡紫红色。小坚果。花期6~9月，果期9~10月。生于多种生境，尤喜光处。

溪黄草　　香茶菜属

Isodon serra (Maxim.) Kudô

草本。叶草质，卵圆形，长3.5~10cm，宽1.5~4.5cm，边缘具粗大内弯的锯齿，散布淡黄色腺点。圆锥花序；花冠紫色。小坚果。花果期8~9月。生于山坡、路旁、田边、溪旁等处。

凉粉草　　凉粉草属

Mesona chinensis Benth.

草本。叶狭卵形或阔卵形，长2~5cm，宽0.8~2.8cm，两面被柔毛。轮伞花序组成间断的总状花序；花冠白色或淡红色。小坚果长圆形。花果期7~10月。生于水沟边及干砂地草丛中。

小花荠苎（小花荠宁）

石荠苎属

Mosla cavaleriei H.Lév.

草本。叶卵形或卵状披针形，长2~5cm，宽1~2.5cm，两面被柔毛。总状花序；花冠紫色或粉红色。小坚果具疏网纹。花期9~11月，果期10~12月。生于疏林下、山坡草地上。

小鱼仙草

石荠苎属

Mosla dianthera (Buch.-Ham.) *Maxim.*

草本。茎四棱形，具浅槽。叶卵状披针形，长1.2~3.5cm，宽0.5~1.8cm。总状花序；花冠淡紫色，上唇微缺，下唇3裂。小坚果近球形。花果期5~11月。生于山坡、路旁或水边。

石香薷

石荠苎属

Mosla chinensis Maxim.

草本。叶小，线形或线状披针形，长1.3~2.8cm，宽2~4mm，两面被柔毛，背面有腺点。总状花序；花冠紫红色、淡红色至白色。小坚果球形。花期6~9月，果期7~11月。生于草坡或林下。

石荠苎（石荠宁）

石荠苎属

Mosla scabra (Thunb.) C. Y. Wu & H. W. Li

一年生草本。茎、枝均4棱。叶卵形或卵状披针形，长1.5~3.5cm，宽0.9~1.7cm。总状花序；花冠粉红色。小坚果球形，具深雕纹。花期5~11月，果期9~11月。生于山坡、路旁或灌丛下。

白毛假糙苏

假糙苏属

Paraphlomis albida Hand.-Mazz.

草本。茎钝四棱形，具4槽。叶卵圆形，长4~9cm，宽2.5~4.5cm；叶柄具狭翅。轮伞花序具2~8朵花；花冠白色或略带紫斑。小坚果无棱。花期7~10月。生于林下、溪旁。

狭叶假糙苏

假糙苏属

Paraphlomis javanica (Blume) Prain var. *angustifolia* C. Y. Wu & H. W. Li ex C. L. Xiang, E. D. Liu & H. Peng

草本。叶卵圆状披针形至狭长披针形，长7~15cm，宽3~8.5cm，具极不显著的细圆齿。花冠黄色，萼齿尖明显针状，具细刚毛。小坚果。生于常绿林或混交林林阴下。

曲茎假糙苏

假糙苏属

Paraphlomis foliata (Dunn) C. Y. Wu & H. W. Li

草本。茎单一，曲折，钝四棱形，具槽。叶卵圆形，长6~9cm，宽4~7.5cm。轮伞花序多花，着生在茎上；花冠黄色。小坚果长圆状三棱形，无毛。生于常绿林下草丛中。

野生紫苏

紫苏属

Perilla frutescens (L.) Britton var. *purpurascens* (Hayata) H. W. Li

草本。叶较小，卵形，长4.5~7.5cm，宽2.8~5cm，两面被疏柔毛，边缘粗锯齿。轮伞花序结成顶生穗状花序。小坚果较小，土黄色。生于山地路旁、村边荒地，或栽培。

水珍珠菜　刺蕊草属

Pogostemon auricularius (L.) Hassk.

一年生草本。全株密被毛。叶长圆形或卵状长圆形，基部圆形或浅心形，边缘具整齐的锯齿。穗状花序，长6~18cm。小坚果近球形。生于疏林下湿润处或溪边近水潮湿处。

豆腐柴　豆腐柴属

Premna microphylla Turcz.

直立灌木。叶揉之有臭味，卵状披针形，长3~13cm，宽1.5~6cm，顶端尖。圆锥花序，塔形；花冠淡黄色，有柔毛。核果紫色，球形。花果期5~10月。生于山坡林下或林缘。

长苞刺蕊草　刺蕊草属

Pogostemon chinensis C. Y. Wu & Y. C. Huang

草本。叶卵圆形，纸质或近膜质，长5~13cm，宽2~7cm，边缘具锯齿。轮伞花序排列成穗状花序；花冠淡红色，雄蕊外伸。花期7~11月。生于路旁、山谷溪旁及草地上。

狐臭柴　豆腐柴属

Premna puberula Pamp.

灌木或小乔木。叶片纸质，卵状椭圆形，长2.5~11cm，宽1.5~5.5cm。聚伞花序组成塔形圆锥花序；花冠淡黄色。核果倒卵形，有瘤突。花果期5~8月。生于山坡路边丛林中。

贵州鼠尾草

鼠尾草属

Salvia cavaleriei H. Lév.

草本。叶形不一，下部叶为羽状复叶，上部叶为单叶。总状花序顶生；花冠蓝紫色或紫色，冠檐二唇形。小坚果长椭圆形。花期7~9月。生于多岩石的山坡上、林下、水沟边。

鼠尾草

鼠尾草属

Salvia japonica Thunb.

草本。一回或二回羽状复叶；小叶披针形或菱形，长10cm，宽3.5cm。总状花序；花冠淡红色、淡紫色、淡蓝色至白色。小坚果椭圆形。花期6~9月。生于山坡、路旁、水边及林阴下。

华鼠尾草

鼠尾草属

Salvia chinensis Benth.

一年生草本。叶全为单叶或下部具3小叶的复叶，叶片卵圆形。轮伞花序；花冠蓝紫色或紫色。小坚果椭圆状卵圆形。花期8~10月。生于山坡或平地的林阴处或草丛中。

荔枝草

鼠尾草属

Salvia plebeia R. Br.

草本。叶互生，倒卵形，长3.5~7.5cm，宽1.5~2.5cm，羽状半裂或深裂。花序单生枝顶；花冠淡红色、淡紫色。瘦果扁。花期4~5月，果期6~7月。生于山坡、路旁、沟边、田野。

半枝莲 黄芩属

Scutellaria barbata D. Don

草本。茎四棱形。叶长 1.3~3.2cm，宽 0.5~1.4cm。花单生；花冠紫蓝色，冠檐二唇形，上唇盔状。小坚果扁球形。花果期 4~7 月。生于水田边、溪边或湿润草地上。

南粤黄芩 黄芩属

Scutellaria wongkei Dunn

草本。茎密毛，近木质，直立，高 50cm，钝四棱形。叶坚纸质，卵圆形，长 0.9~2.2cm，宽 0.4~1.4cm。花腋生于叶腋。花冠淡蓝色，冠檐二唇形。花果期 6 月。生于草地上。

韩信草 黄芩属

Scutellaria indica L.

草本。叶心状卵形，长 1.5~2.6cm，宽 1.2~2.3cm，两面被柔毛。花粉色或紫红色，冠檐二唇形，上唇盔状。小坚果。花果期 2~6 月。生于丘陵地、疏林下、路旁空地及草地上。

英德黄芩 黄芩属

Scutellaria yingtakensis Y. Z. Sun

草本。叶草质，狭卵圆形至狭三角状卵圆形，长 1.3~3cm，宽 0.8~1.4cm。总状花序顶生；花冠淡红色至紫红色，冠檐二唇形，上唇盔状。花期 4~5 月。生于丘陵地。

地蚕

水苏属

Stachys geobombycis C. Y. Wu

草本。根茎肉质，肥大；茎四棱形。茎叶长圆状卵圆形、长 4.5~8cm，宽 2.5~3cm。轮伞花序腋生，花冠淡紫色至紫蓝色，或淡红色。花期 4~5 月。生于荒地、田地及草丛湿地上。

血见愁

香科科属

Teucrium viscidum Blume

草本。叶卵形或卵状长圆形，长 3~10cm，宽 2~4cm，基部圆形或楔形。轮伞花序；花冠白色，淡红色或淡紫色。小坚果扁球形。花期 6~11 月。生于山地林下湿润处。

铁轴草

香科科属

Teucrium quadrifarium Buch.-Ham. ex D. Don

亚灌木状。茎密被柔毛。叶卵形或长圆状卵形，长 3~7.5cm，宽 1.5~4cm。轮伞花序；花冠淡红色，外面被短柔毛。小坚果倒卵状近圆形。花期 7~9 月。生于山地阳坡、林下及灌丛中。

黄荆

牡荆属

Vitex negundo L.

灌木或小乔木。枝 4 棱。掌状复叶有小叶 5 枚，叶边缘常全缘。聚伞花序；花冠淡紫色，顶端 5 裂，二唇形。核果近球形。花期 4~6 月，果期 7~10 月。生于山坡路旁或灌丛中。

牡荆

牡荆属

Vitex negundo L. var. *cannabifolia* (Siebold & Zucc.) Hand.-Mazz.

灌木。掌状复叶有 5 小叶，长圆状披针形，边缘有粗齿，叶背密生灰白色茸毛。圆锥花序顶生；花冠淡紫色。果实近球形。花期 6~7 月，果期 8~11 月。生于山坡路边灌丛中。

山牡荆

牡荆属

Vitex quinata (Lour.) F. N. Williams

乔木。小枝四棱形。掌状复叶有 3~5 小叶，倒卵形至倒卵状椭圆形。聚伞花序；花冠淡黄色，顶端 5 裂，二唇形。核果熟后黑色。花期 5~7 月，果期 8~9 月。生于山坡林中。

（一百五十五）通泉草科 Mazaceae

通泉草

通泉草属

Mazus pumilus (Burm. f.) Steenis

一年生草本。茎生叶倒卵状匙形，长超过 2cm，边缘波状疏齿。总状花序；花冠白色、紫色或蓝色。蒴果球形。花果期 4~10 月。生于湿润的草坡、沟边、路旁及林缘。

（一百五十六）透骨草科 Phrymaceae

小果草

小果草属

Microcarpaea minima (Retz.) Merr.

一年生纤细小草本。叶无柄，半抱茎，宽条形至长矩圆形。花单生叶腋，花冠粉红色，近钟形。种子棕黄色，长 0.3mm。花期 7~10 月。生于稻田和河岸潮湿地。

（一百五十七）泡桐科 Paulowniaceae

白花泡桐　　泡桐属

Paulownia fortunei (Seem.) Hemsl.

乔木。叶片长卵状心脏形，长达20cm。小聚伞花序有花3~8朵；花白色或浅紫色。蒴果长6~10cm；种子带翅。花期3~4月，果期7~8月。生于山坡、林中、山谷及荒地。

台湾泡桐　　泡桐属

Paulownia kawakamii T. Itô

小乔木，高6~12m。叶片心脏形。小聚伞花序无总花梗或位于下部者具短总梗；花冠近钟形，浅紫色至蓝紫色。花期4~5月，果期8~9月。生于山坡灌丛、疏林及荒地。

（一百五十八）列当科 Orobanchaceae

腺毛阴行草　　阴行草属

Siphonostegia laeta S. Moore

草本。叶对生；叶片三角状长卵形；花冠黄色，有时盔背部微带紫色。蒴果黑褐色，卵状长椭圆形。花期7~9月，果期9~10月。生于草丛或灌木林中较阴湿的地方。

（一百五十九）冬青科 Aquifoliaceae

满树星　　冬青属

Ilex aculeolata Nakai

灌木。小枝具显著的皮孔。叶卵形，长3~7cm，宽1.5~3.5cm，背无毛，边有锯齿。花序单生；花白色。果黑色，球形。花期4~5月，果期6~9月。生于山谷、路旁的疏林中或灌丛中。

秤星树（梅叶冬青）

冬青属

Ilex asprella (Hook. & Arn.) Champ. ex Benth.

灌木或小乔木。枝有明显皮孔。叶倒卵形，长2~5cm，宽1~3.5cm，顶端急尖，边有锯齿。花冠白色。果黑色，球形。花期3月，果期4~10月。生于山地疏林中或路旁灌丛中。

密花冬青

冬青属

Ilex confertiflora Merr.

小乔木。叶厚革质，长6~9cm，宽3~4.3cm，先端尖，基部圆形，具齿。花淡黄色，4基数，簇生叶腋；花萼盘状，4深裂。果球形。花期4月，果期6~9月。生于山坡林中或林缘。

冬青

冬青属

Ilex chinensis Sims

常绿乔木。叶长5~11cm，宽2~4cm，边缘具圆齿。花淡紫色或紫红色，花瓣卵形，反折。果长球形，成熟时红色。花期4~6月，果期7~12月。生于山坡常绿阔叶林中和林缘。

齿叶冬青

冬青属

Ilex crenata Thunb.

灌木。叶倒卵形，长1~3.5cm，宽5~15mm，边缘具圆齿状锯齿。雄花聚伞花序；雌花单花；花白色。果球形，成熟时黑色。花期5~6月，果期8~10月。生于山地杂木林或灌丛中。

黄毛冬青（黄毛叶冬青）

冬青属

Ilex dasyphylla Merr.

灌木或小乔木。全株均密被锈黄色短硬毛。叶片革质，卵状椭圆形。聚伞花序；花红色。果球形。花期 5 月，果期 8~12 月。生于山地疏林或灌木丛中、路旁。

榕叶冬青

冬青属

Ilex ficoidea Hemsl.

乔木，高 8~12m。叶长圆状椭圆形，长 4.5~10cm，宽 1.5~3.5cm，无毛，边有圆齿。聚伞花序；花白色或淡黄绿色。果球形，成熟后红色。花期 3~4 月，果期 8~11 月。生于山地林内、林缘。

显脉冬青

冬青属

Ilex editicostata Hu et Tang

常绿灌木至小乔木。叶片厚革质，披针形或长圆形，长 10~17cm，主脉在叶面明显隆起。果近直径 6~10mm，成熟时红色。

台湾冬青

冬青属

Ilex formosana Maxim.

灌木或小乔木。叶片革质，椭圆形，长 6~10cm，宽 2~3.5cm。花序生于叶腋内，花 4 基数，白色。果近球形，熟后红色。花期 3~5 月，果期 7~11 月。生于山地林中、林缘或溪旁。

广东冬青

冬青属

Ilex kwangtungensis Merr.

小乔木。叶卵状椭圆形，长 7~16cm，宽 3~7cm，稍反卷。二歧式聚伞花序；花淡紫色或淡红色。果椭圆形，熟时红色。花期 6 月，果期 9~11 月。生于山坡常绿阔叶林和灌丛中。

矮冬青

冬青属

Ilex lohfauensis Merr.

灌木或小乔木。叶片薄革质或纸质，长圆形或椭圆形，长 1~2.5cm，宽 5~12mm。聚伞花序；花粉红色。花期 6~7 月，果期 8~12 月。生于山坡常绿阔叶林中、疏林中或灌木丛中。

剑叶冬青

冬青属

Ilex lancilimba Merr.

灌木或小乔木。叶片披针形或狭长圆形，长 9~16cm，宽 2~5cm，全缘，稍反卷。聚伞花序；花淡绿白色。果球形，成熟时红色。花期 3 月，果期 9~11 月。生于山谷林中或灌木丛中。

大果冬青

冬青属

Ilex macrocarpa Oliv.

落叶乔木。叶长 4~15cm，宽 3~6cm，边缘具齿，网状脉明显。雄花聚伞花序，雌花单生；花白色。果球形，直径 1~1.4cm，熟时黑色。花期 4~5 月，果期 10~11 月。生于山地林中。

谷木叶冬青（谷木冬青） 冬青属

Ilex memecylifolia Champ. ex Benth.

常绿乔木。叶卵状长圆形，长 4~8.5cm，宽 1.2~3.3cm。雄花聚伞花序，雌花单生；花白色、芳香。果球形，成熟时红色。花期 3~4 月，果期 7~12 月。生于山坡林中或灌丛中、路边。

平南冬青 冬青属

Ilex pingnanensis S. Y. Hu

常绿灌木或乔木。叶片革质，长圆形或长圆状椭圆形，长 5~12cm，宽 2~3.2cm。果序簇生于 2 年生枝的叶腋内；果球形，成熟时红色。果期 10~11 月。生于山地疏林中。

小果冬青 冬青属

Ilex micrococca Maxim.

落叶乔木。叶卵形、卵状椭圆形，长 7~13cm，宽 3~5cm，无毛，边有芒状齿。聚伞花序；花瓣长圆形。果球形，成熟后红色。花期 5~6 月，果期 9~10 月。生于山地常绿阔叶林内。

毛冬青 冬青属

Ilex pubescens Hook. & Arn.

灌木或小乔木。叶椭圆形，长 2~6cm，宽 1.5~3cm，两面密被硬毛，有锯齿。花序簇生；花粉红色。果扁球形，成熟时红色。花期 4~5 月，果期 8~11 月。生于林中、林缘、灌丛或溪边。

铁冬青

冬青属

Ilex rotunda Thunb.

乔木。枝具棱。叶椭圆形，长 4~9cm，宽 2~4cm，无毛，全缘，反卷。花序单生；花 4 基数。果椭圆形，直径 4~6mm，5~7 分核。

绿冬青

冬青属

Ilex viridis Champ. ex Benth.

灌木或小乔木。叶片革质，倒卵形，长 2.5~7cm，宽 1.5~3cm。雄花聚伞花序，雌花单生；花白色。果球形，熟时黑色。花期 5 月，果期 10~11 月。生于山地、丘陵地区林下及灌丛中。

三花冬青

冬青属

Ilex triflora Blume

灌木或小乔木。枝具棱。叶椭圆形，长 2.5~10cm，宽 1~4.5cm，边有圆齿。聚伞花序；花白色或淡红色。果球形，熟后黑色。花期 5~7 月，果期 8~11 月。生于山地林中或灌丛中。

（一百六十）桔梗科 Campanulaceae

金钱豹

金钱豹属

Campanumoea javanica Blume

草质缠绕藤本。具乳汁。叶对生，心形或心状卵形，长 3~11cm，宽 2~9cm。花单生叶腋；花冠淡绿色，内面紫色，钟状。浆果球形，紫红色。花期 8~10 月。生于灌丛中及疏林中。

半边莲

半边莲属

Lobelia chinensis Lour.

小草本。全株无毛。叶互生，线形或披针形，长 8~25mm，宽 2~6mm。花冠裂片平展于下方；花冠粉红色或白色。蒴果开裂。花果期 5~10 月。生于水田边、沟边及潮湿草地上。

线萼山梗菜

半边莲属

Lobelia melliana E. Wimm.

多年生草本。叶螺旋状排列，边缘具齿。花萼筒半椭圆状，裂片窄条形，花冠淡红色，檐部近二唇形。蒴果近球形。花果期 8~10 月。生于沟谷、路旁、林中潮湿地。

江南山梗菜

半边莲属

Lobelia davidii Franch.

多年生草本。叶片卵状椭圆形至长披针形，长可达 17cm，宽达 7cm。总状花序顶生；花冠紫红色。蒴果球状。花果期 8~10 月。生于山地林边或沟边较阴湿处。

铜锤玉带草

半边莲属

Lobelia nummularia Lam.

匍匐草本。具白色乳汁。叶互生，卵形或卵圆形，长 0.8~1.6cm，宽 0.6~1.8cm。花单生；花冠淡紫色或黄白色。浆果紫红色。花果期全年。生于田边、路旁、丘陵、低山草坡等处。

卵叶半边莲

半边莲属

Lobelia zeylanica L.

小草本。植株被毛。叶螺旋状排列，卵形、阔卵形，长 1.5~4cm，宽 1~3cm。花单生叶腋，花冠淡紫色或白色，二唇形。蒴果倒锥状。花果期全年。生于水田、沟边和湿地。

蓝花参

蓝花参属

Wahlenbergia marginata (Thunb.) A. DC.

草本，有白色乳汁。叶互生，倒披针形或椭圆形，长 1~3cm，宽 2~8mm。花冠钟状，蓝色。蒴果倒圆锥状；种子矩圆状。花果期 2~5 月。生于田边、路边、山坡或沟边。

（一百六十一）睡菜科 Menyanthaceae

金银莲花

荇菜属

Nymphoides indica (L.) Kuntze

水生草本。茎圆柱形，顶生单叶。叶飘浮，宽卵圆形或近圆形。花冠白色，基部黄色，裂片腹面密生流苏状长柔。蒴果椭圆形。花果期 8~10 月。生于池塘、水沟或湿地。

（一百六十二）菊科 Asteraceae

金钮扣

金钮扣属

Acmella paniculata (Wall. ex DC.) R. K. Jansen

一年生草本。叶卵形或椭圆形，长 3~5cm，宽 0.6~2cm。头状花序单生，或圆锥状排列，花黄色。瘦果长圆形。花果期 4~11 月。生于田边、沟边、溪旁潮湿地、路边。

下田菊　　下田菊属

Adenostemma lavenia (L.) Kuntze

一年生草本。叶对生，椭圆状披针形，长4~12cm，宽2~5cm，具锯齿。总苞片2层，小花两性，筒状，花冠白色。瘦果倒披针形。花果期8~10月。生于路旁、沼泽地、林下阴湿处。

藿香蓟（胜红蓟）　　藿香蓟属

Ageratum conyzoides L.

一年生草本。茎枝淡红色。叶互生，卵形，长3~8cm，宽2~5cm。伞房状花序；花冠淡紫色。瘦果黑褐色。花果期全年。生于山坡、草地、田边或荒地上。原产中美洲。

宽叶下田菊　　下田菊属

Adenostemma lavenia (L.) Kuntze var. *latifolium* (D. Don) Hand.-Mazz.

一年生草本。叶卵形或宽卵形，基部心形或浑圆，边缘有缺刻状或犬齿锯齿或重锯齿，锯齿尖或钝。头状花序小。花果期8~10月。生于路旁、沼泽地、林下阴湿处。

杏香兔儿风（杏香兔耳风）　　兔儿风属

Ainsliaea fragrans Champ. ex Benth.

多年生草本。叶聚生于茎的基部，莲座状或呈假轮生，厚纸质，基部深心形。花两性，白色，开放时具杏仁香气。花期11~12月。生于山坡灌木林下、路旁、沟边草丛。

豚草

豚草属

Ambrosia artemisiifolia L.

一年生草本。下部叶对生，二次羽状分裂。雄头状花序半球形或卵形，下垂；花冠淡黄色。瘦果倒卵形，无毛。花期 8~9 月，果期 9~10 月。生于路边杂草。原产北美。

奇蒿

蒿属

Artemisia anomala S. Moore

多年生草本。叶卵形或长卵形，边缘具细锯齿。头状花序；雌花 4~6 朵，花冠狭管状；两性花 6~8 朵，花冠管状。瘦果倒卵形。花果期 6~11 月。生于荒野、路旁、林缘。

黄花蒿

蒿属

Artemisia annua L.

一年生草本。具强烈的香气。茎下部叶三回羽状深裂；中部叶二回羽状深裂。头状花序球形；两性花，深黄色。瘦果椭圆状卵形。花果期 8~11 月。生于荒野、路旁、林缘。

密毛奇蒿

蒿属

Artemisia anomala S. Moore var. *tomentella* Hand.-Mazz.

多年生草本。叶面初时疏被短糙毛，叶背密被灰白色或灰黄毛宿存的绵毛。头状花序长圆形或卵形。瘦果倒卵形或长圆状倒卵形。花果期 6~11 月。常见栽培。

艾　　蒿属

Artemisia argyi H. L é v. ex Vaniot

多年生草本。有浓烈的挥发气味。叶卵形，长5~8cm，宽4~7cm，一至二回羽状分裂。头状花序；雌花6~10朵，紫色；两性花8~12朵。瘦果长圆形。花果期7~10月。生于荒野、路旁。

牡蒿　　蒿属

Artemisia japonica Thunb.

多年生草本。有香气。叶匙形，长2.5~3.5cm，宽0.5~1.5cm，顶端3~5浅裂。总苞片3~4层；雌花3~8朵；两性花5~10朵，花冠管状。瘦果倒卵形。花果期7~10月。生于荒野、路旁、林缘。

五月艾　　蒿属

Artemisia indica Willd.

多年生草本。有浓烈的挥发气味。叶长卵形，长5~8cm，宽3~5cm，一至二回大头羽状分裂。头状花序直立，总苞片3~4层。瘦果长圆形。花果期8~11月。生于荒野、路旁、林缘。

白苞蒿（白花蒿）　　蒿属

Artemisia lactiflora Wall. ex DC.

多年生草本，叶卵形或长卵形，长5.5~12.5cm，宽4.5~8.5cm，一至二回羽状分裂。头状花序；总苞片3~4层；雌花3~6朵；两性花4~10朵。瘦果倒卵形。花期8~11月。生于林下、林缘、山谷。

野艾蒿 蒿属

Artemisia lavandulaefolia DC.

多年生草本。叶纸质，基生叶与茎下部宽卵形，长 8~13cm，宽 7~8cm，二回羽状全裂。头状花序极多数。瘦果长卵形。花果期 8~10 月。生于路旁、林缘、山坡、草地等地。

马兰 紫菀属

Aster indicus L.

草本。中部叶倒披针形或倒卵状长圆形，长 3~6cm，宽 0.8~2cm，2~4 对浅裂或裂齿。头状花序；舌状花 1~2 层，浅蓝色。瘦果极扁。花期 5~9 月，果期 8~10 月。生于路边、草地。

白舌紫菀 紫菀属

Aster baccharoides (Benth.) Steetz

草本。中部叶长 2~5.5cm，宽 0.5~1.5cm；被短糙毛。总苞片覆瓦状排列。舌状花，舌片白色；管状花长 6mm。瘦果狭长圆形。花期 7~10 月，果期 8~11 月。生于山坡路旁、草地和沙地。

短冠东风菜 紫菀属

Aster marchandii H.Lév.

草本。下部叶心形，具长柄；中部叶宽卵形。头状花序；舌状花 10 余个，舌片白色；管状花长 6mm。瘦果倒卵形。花期 8~9 月，果期 9~10 月。生于山谷、田间、路旁，有栽培。

琴叶紫菀

紫菀属

Aster panduratus Nees ex Walp.

草本。下部叶匙状长圆形；中部叶长圆状匙形。头状花序；舌状花约 30 个，舌片浅紫色；管状花长 4mm。瘦果卵状长圆形。花期 2~9 月，果期 6~10 月。生于草坡、溪岸、路旁。

三脉紫菀（三褶脉紫菀）

紫菀属

Aster trinervius Roxb. ex D. Don subsp. *ageratoides* (Turcz.) Grierson

多年生草本。叶椭圆形，长 5~10cm，宽 1~3.5cm，基部楔形。头状花序径 1.5~2cm；舌状花 10 余个，紫色；管状花黄色。瘦果灰褐色，有边肋。花果期 7~12 月。生于路边、草地。

钻叶紫菀

紫菀属

Aster subulatus Michx.

草本。基生叶倒披针形，中部叶线状披针形，上部叶渐狭窄，全缘。总苞钟状，舌状花淡红色；管状花多数。瘦果长圆形。花果期 9~11 月。生于路边、草地。原产北美。

婆婆针

鬼针草属

Bidens bipinnata L.

一年生草本。叶对生，二回羽状分裂，叶片长 5~14cm。头状花序；舌状花 1~3 朵，不育，舌片黄色；盘花筒状，黄色。瘦果条形，具倒刺毛。生于路边荒地、山坡及田间。

鬼针草（三叶鬼针草） 鬼针草属

Bidens pilosa L.

一年生草本，高 30~10cm。中部为三出复叶，小叶椭圆形，长 2~4.5cm，宽 1.5~2.5cm。头状花序；无舌状花，盘花筒状。瘦果黑色。花期 6~11 月。生于村旁、路边及荒地中。

百能葳 百能葳属

Blainvillea acmella (L.) Phillipson

一年生草本。叶片卵形至卵状披针形，下部茎叶对生，上部叶互生。舌状花 1 层，黄色；管状花钟形。瘦果干时浅黑色，被密毛。花期 4~6 月。生于疏林中或斜坡草地上。

狼杷草（狼把草） 鬼针草属

Bidens tripartita L.

一年生草本。叶对生，下部的较小，不分裂。头状花序单生茎端及枝端。无舌状花，全为筒状两性花。瘦果扁，楔形，两侧有倒刺毛。生于路边荒野及水边湿地。

东风草 艾纳香属

Blumea megacephala (Randeria) C. C. Chang & Y. Q. Tseng

攀缘藤本。叶卵状长圆形，长 7~10cm，宽 2.5~4cm。头状花序疏散；花黄色，雌花多数，细管状；两性花管状。瘦果圆柱形。花期 8~12 月。生于林缘、灌丛中或山坡。

金挖耳（金挖草）

天名精属

Carpesium divaricatum Siebold & Zucc.

多年生草本。下部叶卵形，长 5~12cm，宽 3~7cm；中部叶长椭圆形。头状花序单生；雌花狭筒状，冠檐 4~5 齿裂；两性花筒状，长 3~3.5mm。瘦果。生于路旁及山坡灌丛中。

野菊

菊属

Chrysanthemum indicum L.

多年生草本。中部茎叶卵形，长 3~7cm，宽 2~4cm，羽状半裂、浅裂。头状花序；总苞片约 5 层；舌状花黄色。瘦果。花期 6~11 月。生于山坡草地、灌丛、田边及路旁。

石胡荽

石胡荽属

Centipeda minima (L.) A. Br. & Aschers

小草本。叶互生，倒披针形，长 7~18mm，宽 2~4mm。花序腋生；边缘花雌性，淡黄绿色；花两性，淡紫红色。瘦果椭圆形，具 4 棱。花果期 6~10 月。生于路旁、荒野阴湿地。

野茼蒿（革命菜）

野茼蒿属

Crassocephalum crepidioides (Benth.) S. Moore

一年生草本。叶长圆状椭圆形，长 5~15cm，宽 2~6cm，羽状浅裂。头状花序；小花全部管状，两性，花冠红褐色。瘦果狭圆柱形。花期 7~12 月。生于山坡路旁、水边、灌丛中。

黄瓜假还阳参（黄瓜菜）　　假还阳参属

Crepidiastrum denticulatum (Houtt.) Pak & Kawano

草本。基生叶长圆形或披针形，长 5~10cm，宽 2~4cm，琴状齿裂，或羽状分裂。总苞片 2 层；舌状小花黄色。瘦果长椭圆形。花果期 5~11 月。生于山坡林缘、林下、田边、岩石上。

鳢肠　　鳢肠属

Eclipta prostrata (L.) L.

草本。叶对生，长圆状披针形，长 3~10cm，宽 0.5~2.5cm，两面被毛。头状花序；外围雌花 2 层，舌状；中央两性花，管状，白色。瘦果三棱形。花期 6~9 月。生于河边、田边或路旁。

鱼眼草（鱼眼菊）　　鱼眼菊属

Dichrocephala integrifolia (L. f.) Kuntze

草本。叶卵形，中部茎叶长 3~12cm，宽 2~4.5cm。头状花序小，球形；外围雌花多层，紫色；中央两性花黄绿色。瘦果。花果期全年。生于山坡林下、耕地、荒地或水沟边。

地胆草（地胆头）　　地胆草属

Elephantopus scaber L.

多年生草本。叶基生莲座状，被长硬毛；茎叶少数而小，倒披针形或长圆状披针形。头状花序多数；花紫红色。瘦果小。花期 7~11 月。生于山坡、路旁、或山谷林缘。

一点红 一点红属

Emilia sonchifolia (L.) DC.

一年生草本。叶倒卵形、阔卵形或肾形，长5~10cm，宽2.5~6.5cm，上面深绿色，下面紫色。小花粉红色或紫色。瘦果具5棱。花果期7~10月。生于山坡荒地、田埂、路旁。

败酱叶菊芹（菊芹） 菊芹属

Erechtites valerianifolius (Link ex Spreng.) DC.

一年生草本。叶长圆形，边缘有不规则重锯齿或羽状深裂。小花多数，淡黄紫色；外围小花花冠丝状；中央小花细管状。瘦果圆柱形。生于田边、路旁。原产南美洲。

紫背草 一点红属

Emilia sonchifolia (L.) DC. var. *javanica* (Burm. f.) Mattf.

一年生草本。叶大头羽状分裂。头状花序长8mm，总苞6~12mm×2~4mm；花冠超过总苞3~4mm；花冠裂片1.2~2.2mm。花果期7~10月。生于山坡荒地、田埂、路旁。

一年蓬 飞蓬属

Erigeron annuus (L.) Pers.

草本。叶互生，下部叶长圆形或倒卵形，长4~18cm，宽1.5~4cm。舌状花2层，白色，平展；中央的两性花管状，黄色。瘦果。花期6~9月。生于路边旷野或山坡荒地。原产北美洲。

香丝草 飞蓬属

Erigeron bonariensis L.

草本。下部叶倒披针形，长 3~5cm，宽 3~10mm。雌花白色，花冠细管状，无舌片；两性花淡黄色，花冠管状。瘦果线状披针形。花期 5~10 月。生于荒地，田边、路旁。原产南美洲。

白酒草 白酒草属

Eschenbachia japonica (Thunb.) J. Kost.

草本。全株被毛。叶呈莲座状。头状花序；全部结实，黄色；外围的雌花花冠丝状；中央的两性花少数，花冠管状。瘦果长圆形。花期 5~9 月。生于山谷田边、山坡草地或林缘。

小蓬草 飞蓬属

Erigeron canadensis L.

草本。下部叶倒披针形，长 6~10cm，宽 1~1.5cm。头状花序；雌花舌状，白色；两性花淡黄色，花冠管状。瘦果线形。花期 5~9 月。生于旷野、荒地、田边和路旁。 原产北美洲。

多须公（华泽兰） 泽兰属

Eupatorium chinense L.

多年生草本。叶对生，中部茎叶卵形、宽卵形，长 4.5~10cm，宽 3~5cm。头状花序；花白色、粉色或红色。瘦果椭圆状。花果期 6~11 月。生于山谷、林下、灌丛、山坡草地上。

牛膝菊

牛膝菊属

Galinsoga parviflora Cav.

一年生草本。叶对生，卵形或长椭圆状卵形。头状花序；舌状花 4~5 个，舌片白色；管状花黄色。瘦果压扁。花果期 7~10 月。生于河边、田间、溪边、路旁等。原产南美洲。

细叶鼠麹草

鼠麹草属

Gnaphalium japonicum Thunb.

一年生草本。茎密生白色绵毛。基部叶莲座状，条状倒披针形。头状花序；外围的雌花丝状；中央的两性花筒状，粉红色。瘦果圆柱形。花期 1~5 月。生于山坡草地或路旁。

匙叶合冠鼠麹草（匙叶鼠麹草）

合冠鼠麹草属

Gamochaeta pensylvanica (Willd.) Cabrera

一年生草本。下部叶无柄，倒披针形或匙形。头状花序多数簇生；雌花花冠丝状，两性花花冠管状。瘦果长圆形，冠毛白色。花期 12 月至翌年 5 月。常生于耕地上。

多茎鼠麹草

鼠麹草属

Gnaphalium polycaulon Pers.

一年生草本。下部叶倒披针形。头状花序多数，在茎枝顶端密集成穗状花序；雌花多数，花冠丝状，两性花少数，花冠管状。花期 1~4 月。生于耕地、草地和湿润山地。

红凤菜（紫背三七） 三七草属

Gynura bicolor (Roxb. ex Willd.) DC.

多年生草本，全株无毛。叶长 5~10cm，宽 2.5~4cm，边缘有波状齿，叶背干时变紫色，两面无毛。小花橙黄色。瘦果圆柱形。花果期 5~10 月。生于林下、岩石上或河边湿处。

泥胡菜 泥胡菜属

Hemisteptia lyrata (Bunge) Fisch. & C. A. Mey.

一年生草本。中下部茎生叶与基生叶大头羽状深裂，侧裂片 2~6 对。总苞片覆瓦状排列；花冠红或紫色。花果期 3~8 月。生于平原、丘陵、草地、田间、路旁等处。

白子菜 三七草属

Gynura divaricata (L.) DC.

多年生草本。叶质厚，长 2~15cm，宽 1.5~5cm，边缘具粗齿，下面带紫色。头状花序；小花橙黄色，有香气。瘦果圆柱形。花果期 8~10 月。生于山坡草地、荒坡和田边潮湿处。

小苦荬 小苦荬属

Ixeridium dentatum (Thunb.) Tzvele

多年生草本。基生叶长倒披针形，长 1.5~15cm，宽 1~1.5cm。头状花序；舌状小花 5~7 枚，黄色，偶有白色。瘦果纺锤形。花果期 4~8 月。生于山坡林下、潮湿处或田边。

细叶小苦荬（缅叶苦菜马）

小苦荬属

Ixeridium gracile (DC.) Pak & Kawano

多年生草本。基生叶线状长椭圆形，长 4~15cm，宽 0.4~1cm，全缘，无毛。头状花序；舌状小花 6 枚。瘦果长圆锥状。花果期 3~10 月。生于山坡、林缘、田间、荒地等处。

翅果菊

莴苣属

Lactuca indica L.

多年生草本。茎枝无毛。全部茎叶线形，两面无毛。头状花序；舌状小花 25 枚，黄色。瘦果椭圆形。花果期 7~10 月。生于林缘及林下、灌丛中、水沟边、山坡草地或田间。

中华苦荬菜

苦荬菜属

Ixeris chinensis (Thunb.) Kitag.

多年生草本。基生叶长椭圆形，长 2.5~15cm，宽 2~5.5cm，全缘。头状花序；舌状小花黄色，干时红色。瘦果长椭圆形。花果期 1~10 月。生于山坡路旁、田野、岩石缝隙中。

稻槎菜

稻槎菜属

Lapsanastrum apogonoides (Maxim.) Pak & K. Bremer

矮小草本。茎细，莲座状叶丛。基生叶全形椭圆形，大头羽状全裂。头状花序小；舌状小花黄色，两性。瘦果长椭圆形，压扁。花果期 1~6 月。生于田野、荒地及路边。

假福王草（堆莴苣）　　假福王草属

Paraprenanthes sororia (Miq.) C. Shih

一年生草本。下部及中部茎叶大头羽状半裂或深裂或几全裂。头状花序多数；舌状小花粉红色，约 10 个。瘦果纺锤形。花果期 5~8 月。生于山坡、山谷灌丛、林下。

拟鼠麹草　　拟鼠麹草属

Pseudognaphalium affine (D.Don) Anderb.

一年生草本。叶无柄，匙状倒披针形，两面被白色棉毛。头状花序；花黄色至淡黄色。瘦果倒卵形。花期 1~4 月，8~11 月。生于低海拔草坡、农田。

假臭草　　假臭草属

Praxelis clematidea R. M. King & H. Rob.

一年生草本。叶对生，卵形，长 3~5cm，宽 2.5~4.5cm，边缘圆齿，被粗毛。头状花序；小花 25~30 朵，蓝紫色。瘦果黑色，冠毛白色。花果期全年。生于荒地、路边。原产南美。

风毛菊　　风毛菊属

Saussurea japonica (Thunb.) DC.

二年生草本。基生叶与下部茎叶长椭圆形，羽状深裂。头状花序多数；总苞片 6 层；小花紫色。瘦果圆柱形。花果期 6~11 月。生于山坡、路旁、灌丛、田中等处。

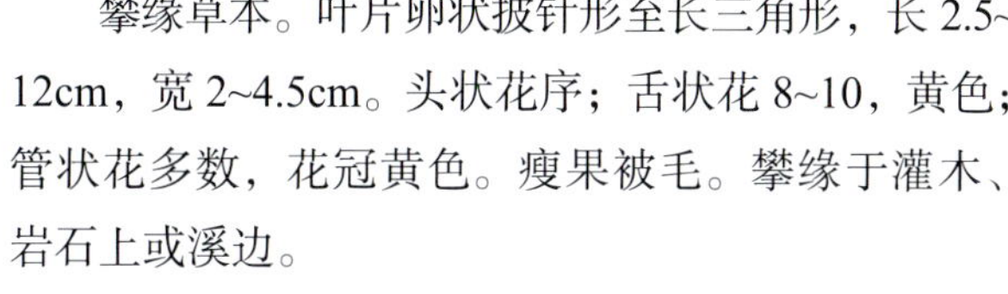

千里光

千里光属

Senecio scandens Buch-Ham. ex D. Don

攀缘草本。叶片卵状披针形至长三角形，长 2.5~12cm，宽 2~4.5cm。头状花序；舌状花 8~10，黄色；管状花多数，花冠黄色。瘦果被毛。攀缘于灌木、岩石上或溪边。

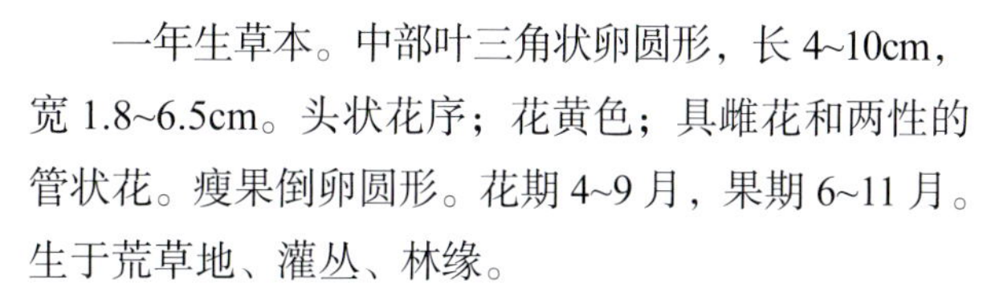

豨莶

豨莶属

Sigesbeckia orientalis L.

一年生草本。中部叶三角状卵圆形，长 4~10cm，宽 1.8~6.5cm。头状花序；花黄色；具雌花和两性的管状花。瘦果倒卵圆形。花期 4~9 月，果期 6~11 月。生于荒草地、灌丛、林缘。

闽粤千里光

千里光属

Senecio stauntonii DC.

多年生草本，根状茎半攀缘。茎叶卵状披针形。头状花序；舌状花 8~13，舌片黄色；管状花多数，花冠黄色。花期 10~11 月。生于灌丛、疏林中、石灰岩干旱山坡或河谷。

腺梗豨莶

豨莶属

Sigesbeckia pubescens (Makino) Makino

一年生草本。基部叶卵状披针形。头状花序；花梗密生头状具柄腺毛；具舌状花和管状花，瘦果倒卵圆形。花期 5~8 月，果期 6~10 月。生于山坡、草坪、溪边、耕地边等处。

裸柱菊

裸柱菊属

Soliva anthemifolia (Juss.) R. Br.

一年生小草本。茎短，平卧。叶互生，二至三回羽状分裂。头状花序近球形；雌花无花冠；两性花的花冠管状，黄色。花果期全年。生于荒地、田野。原产南美洲。

苣荬菜

苦苣菜属

Sonchus wightianus DC.

多年生草本。基生叶与下部茎叶倒披针形或长椭圆形，羽状深裂、半裂或浅裂。头状花序；舌状小花多数，黄色。花果期1~9月。生于山坡、草地、村边或河边。

苦苣菜

苦苣菜属

Sonchus oleraceus L.

草本。茎下部叶长圆状披针形，羽状深裂；中部叶尖耳状抱茎。头状花序；舌状小花多数，黄色。瘦果压扁，具冠毛。花果期5~12月。生于山坡、林缘、平地田间等处。

金腰箭

金腰箭属

Synedrella nodiflora (L.) Gaertn.

一年生草本。叶对生，阔卵形，长6~11cm，宽3.5~6.5cm，两面被糙毛。头状花序；具黄色的少数的舌状花及管状花。瘦果。花期6~10月。生于旷野、耕地、路旁。原产南美洲。

扁桃斑鸠菊

斑鸠菊属

Vernonia amygdalina Delile

灌木或小乔木。叶互生，长卵形，先端尖。头状花序可见10~24朵小花，花冠白色，少数略带淡紫色、紫红色或粉红色。瘦果圆柱状。华南常见栽培。原产非洲。

咸虾花

斑鸠菊属

Vernonia patula (Aiton) Merr.

一年生草本。叶卵形，长2~9cm，下面被柔毛。头状花序通常2~3个生于枝顶端；总苞扁球状，具多数淡紫红色的管状小花。花期7月至翌年5月。生于荒坡旷野、田边、路旁。

夜香牛

斑鸠菊属

Vernonia cinerea (L.) Less.

直立草本。下部叶和中部叶具柄，菱状卵形；上部叶狭长圆状披针形。头状花序；花淡紫红色，花冠管状。瘦果圆柱形。花期全年。生于山坡旷野、荒地、田边、路旁。

茄叶斑鸠菊

斑鸠菊属

Vernonia solanifolia Benth.

灌木或小乔木。叶卵状长圆形，长6~16cm，宽4~9cm，两面被毛，具腺点。头状花序多数；花冠管状，粉红色或淡紫色。瘦果无毛。花期11月至翌年4月。常生于山谷疏林中。

山蟛蜞菊　　孪花菊属

Wollastonia montana (Blume) DC.

直立草本。叶片卵状披针形，长 6~11cm，宽 3~4cm。头状花序少数；舌状花 1 层，黄色；管状花向上端渐扩大。瘦果倒卵状三棱形。花期 4~10 月。生于溪边、路旁或山区沟谷中。

异叶黄鹌菜　　黄鹌菜属

Youngia heterophylla (Hemsl.) Babc. & Stebbins.

草本。基生叶椭圆形，长达 23cm，宽 6~7cm，大头羽状深裂。头状花序多数；舌状小花有 11~25 个，黄色。瘦果纺锤形。花果期 4~10 月。生于山坡林缘、林下及荒地。

苍耳　　苍耳属

Xanthium strumarium L.

一年生草本。叶三角状卵形，长 4~9cm，宽 5~10cm。雄花头状花序球形；雌花头状花序椭圆形，具钩状刺。花期 7~8 月，果期 9~10 月。生于平原、丘陵、低山、荒野路边。

黄鹌菜　　黄鹌菜属

Youngia japonica (L.) DC.

一年生草本。基生叶全形倒披针形，长 2.5~13cm，宽 1~4.5cm，大头羽状深裂。花序含 10~20 个舌状小花。瘦果无喙。花果期 4~10 月。生于山坡、林缘、草地、田间与荒地上。

卵裂黄鹌菜

黄鹌菜属

Youngia japonica (L.) DC. subsp. *elstonii* (Hochr.) Babc. & Stebbins

一年生草本。基生叶及中下部茎叶长倒披针形，长达 27cm，宽达 7cm，羽状深裂。头状花序；舌状小花黄色。瘦果纺锤形。花果期 4~11 月。生于山坡草地、沟谷地、水边等。

（一百六十三）五福花科 Adoxaceae

接骨草

接骨木属

Sambucus chinensis Lindl.

高大草本或半灌木。羽状复叶具小叶 2~3 对，狭卵形，长 6~13cm，宽 2~3cm。复伞形花序顶生；具棒杯状不孕花。浆果近圆形。花期 4~5 月，果期 8~9 月。生于山坡、林下、沟边等。

接骨木

接骨木属

Sambucus williamsii Hance

灌木或小乔木。羽状复叶有小叶 2~3 对。圆锥形聚伞花序顶生；花冠蕾时粉红色，开后白色或淡黄色。果红色。花期 4~5 月，果期 9~10 月。生于山坡、沟边、路旁、宅边等地。

荚蒾

荚蒾属

Viburnum dilatatum Thunb.

落叶灌木。叶纸质，宽倒卵形，长 3~10cm，边缘有锯齿。复伞形式聚伞花序稠密；花冠白色。果实红色。花期 5~6 月，果熟期 9~11 月。生于山坡、疏林下、林缘及山脚灌丛中。

直角荚蒾（臭荚迷）

荚蒾属

Viburnum foetidum Wall. var. *rectangulatum* Rehder

灌木。叶厚纸质，卵形、菱状卵形，椭圆形至矩圆形，长 3~6cm。复伞形式聚伞花序；花冠白色，辐状。果实红色。花期 5~7 月，果期 10~12 月。生于山坡林中或灌丛中。

毛枝台中荚蒾

荚蒾属

Viburnum formosanum (Hance) Hayata var. *pubigerum* P. S. Hsu

灌木。小枝、叶柄和花序均密被黄褐色簇状短毛。叶矩圆形、卵状矩圆形或卵状披针形。复伞形式聚伞花序；花冠白色，辐状。果实红色。生于山谷溪涧旁林中或林缘。

南方荚蒾

荚蒾属

Viburnum fordiae Hance

灌木或小乔木。叶阔卵形、菱状卵形，长 4~7cm，宽 2~6cm，两面被毛。复伞形式聚伞花序；花冠白色。核果红色。花期 4~5 月，果期 10~11 月。生于山谷疏林、山坡灌丛或平原旷野。

吕宋荚蒾

荚蒾属

Viburnum luzonicum Rolfe

灌木。叶纸质，卵形、椭圆状卵形，长 4~9cm，边缘有深波状锯齿。复伞形式聚伞花序；花冠白色，辐状。花期 4 月，果期 10~12 月。生于山谷溪边疏林、山坡灌丛中或路旁。

茶荚蒾　　荚蒾属

Viburnum setigerum Hance

落叶灌木。叶纸质，长 7~15cm，边缘疏生尖锯齿。复伞形式聚伞花序，花芳香；花冠白色，辐状。果实红色。花期 4~5 月，果期 9~10 月。生于山谷溪涧旁疏林或山坡灌丛中。

菰腺忍冬（红腺忍冬）　　忍冬属

Lonicera hypoglauca Miq.

藤本。枝、叶柄、花梗被短柔毛。叶卵形，长 6~9cm，宽 2.5~3.5cm，背被红色蘑菇状腺体。花冠白色，有淡红晕，后变黄色。浆果。花期 4~5 月，果期 10~11 月。生于灌丛或疏林中。

（一百六十四）忍冬科 Caprifoliaceae

华南忍冬（水忍冬）　　忍冬属

Lonicera confusa DC.

藤本。植株密被柔毛。叶卵状长圆形，长 3~6cm，宽 2~4cm。短总状花序；花冠白色，后变黄色，有香味。浆果。花期 4~5 月，果期 10 月。生于丘陵山坡、杂木林和灌丛中。

忍冬（金银花）　　忍冬属

Lonicera japonica Thunb.

藤本。嫩枝密被糙毛。叶卵形，长 3~5cm，宽 1.3~3.5cm，背面被毛。花冠白色，后变黄色。果实圆形，熟后黑色。花期 4~6 月，果期 10~11 月。生于山坡灌丛、疏林中、路旁及村庄篱笆。

皱叶忍冬

忍冬属

Lonicera reticulata Champ. ex Benth.

藤本。叶革质，宽椭圆形，长 3~10cm，上面叶脉显著凹陷而呈皱纹状。小伞房花序；花冠白色，后变黄色。果实蓝黑色。花期 6~7 月，果期 10~11 月。生于山地灌丛或林中。

白花败酱（攀倒甑）

败酱属

Patrinia villosa (Thunb.) Dufr.

草本。基生叶丛生，叶片卵形；茎生叶对生。聚伞花序；花冠钟形，白色。瘦果倒卵形，与宿存增大苞片贴生。花期 8~10 月，果期 9~11 月。生长山地林下、林缘或灌丛中。

（一百六十五）五加科 Araliaceae

黄毛楤木

楤木属

Aralia chinensis L.

灌木或乔木。新枝密生黄茸毛，有刺。二回羽状复叶，长 60~110cm。圆锥花序大；花白色。果球形，黑色。花期 10 月至翌年 1 月，果期 12 月至翌年 2 月。生于阳坡或疏林中。

楤木

楤木属

Aralia elata (Miq.) Seem.

灌木或乔木。茎无枝，有大刺。二至三回羽状复叶，具 7~11 小叶。伞房状圆锥花序。核果球形，黑色，5 棱。花期 6~8 月，果期 9~10 月。生于林中。

虎刺楤木　　楤木属

Aralia armata

灌木或乔木。二至五回羽状复叶，长 60~100cm。叶轴、伞梗有扁而倒钩的皮刺。圆锥花序长达 50cm。核果有 5 棱。花期 8~10 月，果期 9~11 月。生于林中和林缘。

长刺楤木（长刺惚木）　　楤木属

Aralia spinifolia Merr.

灌木。枝、叶轴、伞梗有扁长刺，刺长 1~10mm。二回羽状复叶。圆锥花序；花瓣 5，淡绿白色。果球形，黑色，5 棱。花期 8~10 月，果期 10~12 月。生于山坡或林缘阳光充足处。

树参　　树参属

Dendropanax dentiger (Harms) Merr.

灌木或小乔木。叶型变化大，不裂至 2~5 深裂，基脉三出，叶背有腺点。伞形花序；花瓣 5，三角形。果有 5 棱。花期 8~10 月，果期 10~12 月。生于常绿阔叶林或灌丛中。

变叶树参　　树参属

Dendropanax proteus (Champ. ex Benth.) Benth.

灌木或小乔木。叶片革质、纸质或薄纸质，叶型变异大，不裂至 2~5 深裂。伞形花序单生或 2~3 个聚生。果实球形。花期 8~9 月，果期 9~10 月。生于山谷溪边密林下、路旁。

刚毛白簕　五加属

Eleutherococcus setosus (H. L. Li) Y. R. Ling

灌木。有5小叶，小叶片较长；上面刚毛较多；边缘锯齿有长刚毛。伞形花序常单生；花黄绿色。果实扁球形。花期8~11月，果期9~12月。生于林阴下或林缘湿润地。

常春藤　常春藤属

Hedera nepalensis K. Koch var. *sinensis* (Tobler) Rehder

攀缘灌木。叶片革质，三角形卵状，长5~12cm，宽3~10cm。伞形花序单个顶生；花淡黄白色。果实球形，橘黄色。花期9~11月，果期翌年3~5月。攀缘于树木、岩石和房屋墙壁上。

白簕（白簕花）　五加属

Eleutherococcus trifoliatus (L.) S. Y. Hu

灌木。新枝疏生下向刺。小叶3~5，纸质，椭圆状卵形，长4~10cm，宽3~6.5cm。复伞形花序；花黄绿色。果实扁球形，黑色。花期8~11月，果期9~12月。生于村落，山坡路旁等处。

短梗幌伞枫（短柄幌伞枫）　幌伞枫属

Heteropanax brevipedicellatus H. L. Li

灌木或小乔木。叶大，四至五回羽状复叶；小叶长2~9cm，宽1~3cm。圆锥花序顶生；总花梗长1~2cm；花淡黄色。果实扁球形。花期11~12月，果期翌年1~2月。生于林中、林缘、路旁。

穗序鹅掌柴　　鹅掌柴属

Schefflera delavayi (Franch.) Harms

乔木或灌木。有小叶4~7枚；小叶多变，椭圆状长圆形，长6~35cm，宽2~8cm。穗状花序；花白色。果实球形，黑色。花期10~11月，果期翌年1月。生于山谷溪边的林中、林缘。

鹅掌柴（鸭脚木）　　鹅掌柴属

Schefflera heptaphylla (L.) Frodin

乔木。羽状复叶，6~9小叶；小叶长椭圆形，长9~17cm，宽3~5cm；叶柄长15~30cm。圆锥花序顶生；花白色。果实球形，黑色。花期11~12月，果期12月。生于山地林中和阳坡。

（一百六十六）伞形科 Apiaceae

积雪草（崩大碗）　　积雪草属

Centella asiatica (L.) Urb.

匍匐草本。单叶，膜质至草质，圆形、肾形或马蹄形，直径2~4cm，边缘有钝锯齿。伞形花序聚生于叶腋；花紫红色。果圆球形。花果期4~10月。生于阴湿的草地或水沟边。

鸭儿芹　　鸭儿芹属

Cryptotaenia japonica Hassk.

多年生草本。三出复叶，小叶具重锯齿或不整齐锯齿。复伞形花序呈圆锥状；花瓣白色。分生果线状长圆形。花期4~5月，果期6~10月。生于山地、山沟及林下。

红马蹄草

天胡荽属

Hydrocotyle nepalensis Hook.

匍匐草本。茎斜升。叶圆肾形，长 4~8cm，边缘 5~7 浅裂。头状花序数个簇生；花瓣卵形，花白色。果基部心形，两侧扁压。花果期 5~11 月。生于山坡、路旁、水沟和溪边。

破铜钱

天胡荽属

Hydrocotyle sibthorpioides Lam. var. *batrachium* (Hance) Hand.-Mazz. ex R. H. Shan

草本。叶较小，直径 0.5~1.5cm，3~5 深裂达近基部，侧裂片有时裂至 1/3 处。单个伞形花序；花瓣镊合状排列。果扁球形。花果期 4~9 月。生于湿润的路旁、草地、河沟边等处。

天胡荽

天胡荽属

Hydrocotyle sibthorpioides Lam.

多年生草本。叶片膜质至草质，圆形或肾圆形，长 0.5~1.5cm，宽 0.8~2.5cm。花序梗纤细；花瓣绿白色。果实略呈心形。花果期 4~9 月。生于湿润的草地、河沟边、林下。

水芹

水芹属

Oenanthe javanica (Blume) DC.

草本。一至二回羽状复叶，末回裂片卵形或菱形，长 2~5cm，宽 1~2cm。复伞形花序顶生；花白色。果实椭圆形。花期 6~7 月，果期 8~9 月。生于浅水低洼地方或池沼、水沟旁。

卵叶水芹　　水芹属

Oenanthe javanica (Blume) DC. subsp. *rosthornii* (Diels) F. T. Pu

多年生草本。叶宽三角形或卵形，小裂片菱状卵形或长圆状卵形。复伞形花序顶生和侧生；花瓣白色。花期 8~9 月，果期 10~11 月。生于山谷杂木林下、溪旁水边。

膜蕨囊瓣芹（裸茎囊瓣芹）　　囊瓣芹属

Pternopetalum nudicaule (H. Boissieu) Hand.-Mazz.

草本。叶基生，基部有阔膜质叶鞘；叶片菱形，近于三出式的 3~4 回羽状分裂，一回裂片有柄。小伞形花序，花瓣白色。花果期 3~5 月。生于林下、沟边及阴湿的岩石上。

线叶水芹（西南水芹）　　水芹属

Oenanthe linearis Wall. ex DC.

草本。二回羽状分裂，茎上部叶末回裂片线形，长 5~8cm，宽 2.5~3cm。复伞形花序顶生和腋生；花瓣白色。果实椭圆形。花果期 5~10 月。生于山坡杂木林下和溪边潮湿地。

小窃衣（破子草）　　窃衣属

Torilis japonica (Houtt.) DC.

一年或多年生草本。叶片长卵形，一至二回羽状分裂。复伞形花序顶生或腋生；花瓣白色、紫红色或蓝紫色。果实圆卵形。花果期 4~10 月。生于林下、林缘、路旁、河沟边。

中文名索引

D

E

F

G

H

J

K

L

M

T

W

X

Y

Z

学名索引

A

B

C

D

E

F

G

H

I

J

K

L

M

N

O

P

R

S

T

U

V

W

X

Y

Z